国家高技术研究发展计划（863 计划）课题（2012AA12A405）
国家自然科学基金项目（41571391）
资助

ArcGIS 地理处理之 Python 实战

王　双　段滢滢　刘晨洲　高锡章　刘海江　袁烨城　周玉科　著

中国环境出版社・北京

图书在版编目（CIP）数据

ArcGIS 地理之 Python 实战/王双等著. —北京：中国环境出版社，2016.2（2017.7 重印）

ISBN 978-7-5111-1722-9

Ⅰ. ①A… Ⅱ. ①王… Ⅲ. ①地理信息系统—应用软件—程序设计 Ⅳ. ①P208

中国版本图书馆 CIP 数据核字（2016）第 026391 号

出 版 人　王新程
责任编辑　曲　婷
责任校对　尹　芳
封面设计　彭　杉

出版发行　中国环境出版社
（100062　北京市东城区广渠门内大街 16 号）
网　　址：http://www.cesp.com.cn
电子邮箱：bjgl@cesp.com.cn
联系电话：010-67112765（编辑管理部）
发行热线：010-67125803，010-67113405（传真）

印　　刷　北京盛通印刷股份有限公司
经　　销　各地新华书店
版　　次　2016 年 7 月第 1 版
印　　次　2017 年 7 月第 2 次印刷
开　　本　787×960　1/16
印　　张　16.5　　彩插　4
字　　数　300 千字
定　　价　45.00 元

序

通篇读完这本《ArcGIS 地理处理之 Python 实战》的电子稿，感觉它对于正在从事 GIS 应用和研究的学生、教师和工程师们的确是值得推荐的。

我本人学习和应用 GIS 是从 1992 年接触 Esri 的 ARC/INFO 开始的，至今已有 23 年。二十多年过去了，当时的 ARC/INFO 早已更名为 ArcGIS，其版本也从 6.0 升级到 10.3 版（大家拿到本书时，该是 10.4 版了吧），其架构已从当初的单机（工作站）软件演变为以 Web 为中心地理信息平台。然而，其基本而核心的构成，仍然是空间可视化、地理数据管理和地理处理三大部分。其中，地理处理（Geoprocessing）则是 ArcGIS 最具魅力和力量的核心功能集合。它提供了近千个地理处理工具和可以灵活扩展的框架。可以毫不夸张地说，使用 ArcGIS 而不掌握 Geoprocessing，尤其是其中的空间分析和空间统计等核心功能和方法，就只能是得其皮毛。所以，凡以 ArcGIS 作为开发或应用平台者，都需要多花些工夫在学习和使用 Geoprocessing 上面。Geoprocessing 的工作方式，说到底是一种工作流。我们通常将一个或若干个处理工具或方法按照解决问题的思路，将它们组合起来，按部就班地执行，最终得到处理结果。操作 Geoprocessing 的几种方式中，以采用脚本编程进行控制的方式最为灵活、最为强大。ArcGIS 中，控制 Geoprocessing 的脚本编程环境也是在不断地演变，从最初的 AML（ARC/IFNO Macro Language）宏语言，到后来的 VBA（Visual Basic for Application），再到现在以简洁、优美而强大著称的 Python。

ArcGIS 是一个完整而强大的地理信息平台，我们在这个平台上，可以进行几乎所有针对地理信息及服务的处理、分析、可视化、发布、共享和协同等工作。对于其中很多需要反复进行的操作，以及较为复杂的处理和分析，往往离不开编程。对于绝大多数人而言，编程终归是一件头疼的事。而要解决问题又绕不开编程时，聪明的做法就是尽可能采用简洁、灵活、高效的编程语言和环境，让我们可以更加专注于问题和解决问题的逻辑本身，尽量少一些编程所带来的困扰。显然，Esri 对此一直是十分认真对待的，从上面提到的 ArcGIS 的脚本编程环境的演变可见一斑。在各种通用型的脚本编程语言中，Python 可以说是后起之秀，其简洁、优雅而健壮的特性，得到了市场上广泛的支持和认可。ArcGIS 对 Python 的支持始于十余年前的 9.0 版本，到了 ArcGIS10.1 版时，Esri 索性彻底地抛弃了对 VBA 的支持，由此进一步确立了 Python 在 ArcGIS 地理处理应用开发中的龙头地位。ArcGIS 中将地理处理的功能进行封装，形成了 Python 强大的地理处理核心功能包——ArcPy。掌握 Python 的基本语法，并熟悉 ArcPy 所提供的类、函数和模块及其调用方法，对于在 ArcGIS 平台上进行地理处理应用开发，至关重要，而且事半功倍。

这本书有一个在我看来十分可贵的特点，就是在展开 ArcGIS 中 Python 编程方法的讲解时，始终贯穿了一条解决常见地理学问题的主线。尤其针对矢量数据分析、栅格数据分析和空间统计等 Geoprocessing 的核心内容，都安排了一定篇幅，对 GIS 所采用的基本原理和方法进行了深入浅出的介绍，并辅以短小精悍的应用编程实例，帮助读者学习理解并通过编程调试进行验证。我认为，这无论是对 GIS 相关专业的在校学生，还是对非 GIS 专业学生，而要借助 GIS 的方法和工具从事科学研究或工程应用的人士而言，都是十分有益的。他们在学习 Python 在 ArcGIS 中的编程方法的过程中，也能够对 GIS 解决常见地理学问题的思路和方法有所了解。或许这正是本书与一般的 Python 编程教程或加有 Python 编程内容的 ArcGIS 应用教程的重要区别所在。本书取名为《ArcGIS 地理处理之 Python 实战》，的确颇具实战味。越来越多的人可以通过学习，尤其是通过强化实战的学习，去解决问题，尤其用 GIS 的方法去解决问题，是我作为一个热爱且执着于 GIS 的“老兵”最愿意看到的。为此，我郑重地将本书推荐给大家。希望大家通过学习和参考本书，有所收获和提高。

Esri 中国信息技术有限公司

副总裁　首席咨询专家

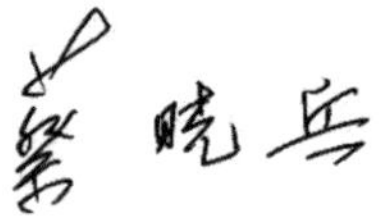

前　言

为什么选择 Python

ArcGIS 与 Python 的渊源可以追溯到 ArcGIS 9.0 版本，Esri 意识到基于 ArcObjects 的编程模式对于用户的要求是比较高的，更多情况下用户可能并不具备编程的基础，也没有在大量接口中漫游的兴趣。但是当面对大量数据的处理工作时，通常不可避免需要编写代码。相比于其他高级程序语言，脚本语言的语法简单，上手容易，是一般用户的首选。Python 是脚本语言中的优秀代表，因此亦获得了 Esri 的青睐。通过 Python 可以轻松地调用 ArcGIS 中封装好的算法来完成复杂的数据处理和分析任务。ArcGIS 9.0 Desktop 默认即安装 Python IDLE，支持 Python2.1，随后的 9.2 以及 9.3 版本也在不断完善 arcgisscripting 的功能，让用户感受到 Python 带来的便利和惊喜。ArcGIS 10.0 版本的问世，和 Python 的关系更加紧密。新出现的 ArcPy 全面取代 Arcgisscripting，功能进一步升级，并且在 ArcGIS Desktop 的 Python Window 和 Field Calculator 中均整合了 Python，充分体现出 Esri 对于 Python 的重视。在 ArcGIS Desktop 扩展开发方面，从 ArcGIS 10.1 版本开始，传统的 VBA 开发方式正式被抛弃，引入 Python-addins 这种更方便快捷的插件式开发模式，更加确立了 Python 的统治地位。正因为 Esri 选择了 Python，所以我们也选择了 Python，如果您能掌握 ArcGIS 中的 Python 编程，那么游刃有余地使用 ArcGIS 来进行工作将是一件轻松并且充满乐趣的事情。

这本书能做什么

使用 Python 在 ArcGIS 中进行脚本编程，能够方便地调用 ArcGIS 中的 Geoprocessing 功能进行地理处理，执行空间分析、空间统计等操作，尤其是能够高效地进行大数据批量处理工作，并且能够灵活地扩展 Geoprocessing 框架。ArcGIS 中空间统计工具箱（Spatial Statistics Toolbox）中的工具大多都是使用 Python 编写的，这样就使得 ArcGIS 不再仅仅是作为一个静态的、通用的软件，而成为了一个动态的、可扩展的平台，可进一步将 GIS 与各行业的专业模型相结合。另外，借助 Python 众多强大的第三方库，更可以发挥其在空间统计以及绘制地图等方面的优势，让数据处理和分析工作更加游刃有余。在本书的延伸阅读部分，还介绍了如何实现 Python 与 R 语言的交互，从而架起 ArcGIS 和 R 的桥梁，调用 R 来增强 ArcGIS 的统计分析功能。

本书是国内第一本基于 Python 脚本来解决地理学中常见问题的书籍，本书的初衷始于作者接到 ArcGIS Python 的授课任务。在大量查找资料后，发现除了昂贵的国外教材，居然无法找到一本专门讲授在 ArcGIS 中使用 Python 的书籍，于是只能一边看 Python 的书，一边看 ArcGIS 的帮助，再努力地融会贯通。因此，作者决定把自己的学习心得记录下来，与大家分享，更希望本书中的案例能够直接为您的工作和科研所用，让这本书帮您快速了解 ArcGIS Python 开发的相关知识。

适用对象

无论您是一位奋战在科研第一线上的老师或学生，还是在各个行业中正在应用 GIS 的工程师，都不可避免地要同地理数据打交道，本书中的内容将会让您的数据处理工作更加得心应手，从一招一式到随心所欲，让 ArcGIS 进阶之路不再迷茫。当然，阅读本书之前最好具备一定的 ArcGIS 使用经验，相关资料可参考本书的参考阅读部分。

软件环境

本书所使用的软件环境为 ArcGIS Desktop 10.x 版本和 Python 2.7（所有代码在 ArcGIS10.0 到 ArcGIS10.3 环境中均经过测试），在运行代码时需要保证 ArcGIS Desktop 已经安装在您的电脑上，并且软件许可（ArcGIS License Manager）已经启动。

配套数据说明

本书的代码、数据及 Python 安装包可从 http://book.cesp.cn/files/kj01/2016-06-15/91.html 上下载，使用时请将 PYDATA 文件夹拷贝于 C 盘根目录下，以确保代码中引用数据的路径正确。PYDATA 文件夹的结构如图 0-1 所示，每个章节目录下存放地图文档（.mxd 文件）以及其他说明文档，所使用数据位于 Database 文件夹下，Soft 文件夹存放本书所用到的软件和库，result 文件夹用于存放生成的临时数据。

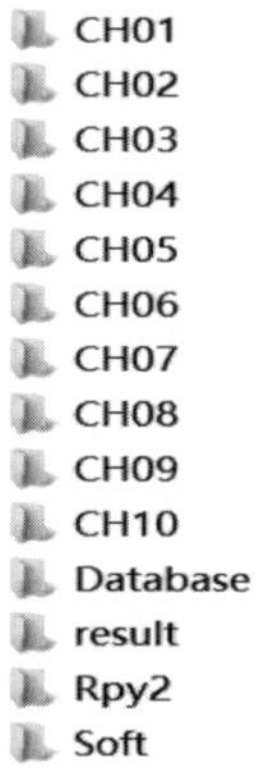

图 0-1 PYDATA 文件夹结构

勘误信息

由于 ArcGIS 和 Python 的博大精深，本书的内容自不可能覆盖全面。然大道至简，天下武功纵然招式纷繁，化繁为简却往往能克敌制胜，希望本书中虽短小但却是精心挑选的案例能够帮助您快速掌握 ArcGIS 脚本编程这一利器。但是，由于作者水平所限，虽经几次勘误，书中错误之处仍不可避免，敬请广大读者给予批评指正。联系方式：arcgis_python@sina.com。

致谢

本书是集体智慧的结晶，其中空间统计部分以及附录部分的内容由段滢滢负责撰写；第四部分延伸阅读由刘晨洲负责撰写；参与本书编写的还有高锡章、刘海江、袁烨城、周玉科，全书由王双统稿整理。另外，在本书撰写的过程中，还得到了众多师长和朋友的帮助，特别要感谢信息工程大学的陈毓芬教授，中国科学院地理科学与资源研究所的万庆研究员，没有两位老师的鼓励和支持，便不可能有这本书的付梓；感谢河南工业大学信息科学与工程学院的徐振强老师，感谢你从专业角度给出的宝贵意见。

目　录

第一部分　Python 与 ArcGIS：缘起

第二部分 Python 与 ArcGIS：金风玉露相逢

第三部分 Python 与 ArcGIS：执子之手

第四部分：延伸阅读 Python 与 R 交互

第一部分　Python 与 ArcGIS：缘起

这一部分作为本书学习的起点，将会介绍 Python 的基本语法，如变量、模块、内建函数以及字符串、列表、元组、字典等数据结构的特点及常用方法，如何编写和执行 Python 程序；第二章会具体介绍 Python 和 ArcGIS 是如何结合来进行工作的，如何在 Python 中通过 ArcPy 来调用 ArcGIS 的地理处理和空间分析等功能。

第 1 章　初识 Python

1.1　可爱的 Python

Python 的名字来源于 Monty Python（一个喜剧团体的名称），1989 年的圣诞节，其忠实粉丝 Guido van Rossum 开始着手开发一种新的脚本解释程序，它沿袭了 ABC 这种语言的优美，同时改进了 ABC 扩展性差的缺点，并最终取名为“Python”。“简洁、优美、强大”就是 Python 的天然特性，也正因为这个特性，使得 Python 成为越来越多程序员们的宠儿。

通过 20 多年的发展，Python 已经成为全世界最流行的编程语言之一。2014 年，IEEE Spectrum 通过 Google 搜索和趋势、社交网站以及 GitHub 上的项目和工作招聘等各种信息，分析了 49 种编程语言的流行程度，Python 的综合排名位居第四（见图 1-1），在脚本语言中占据王者地位。因为 Python 的简洁易学，许多大学也逐渐开始选择 Python 作为教学语言。

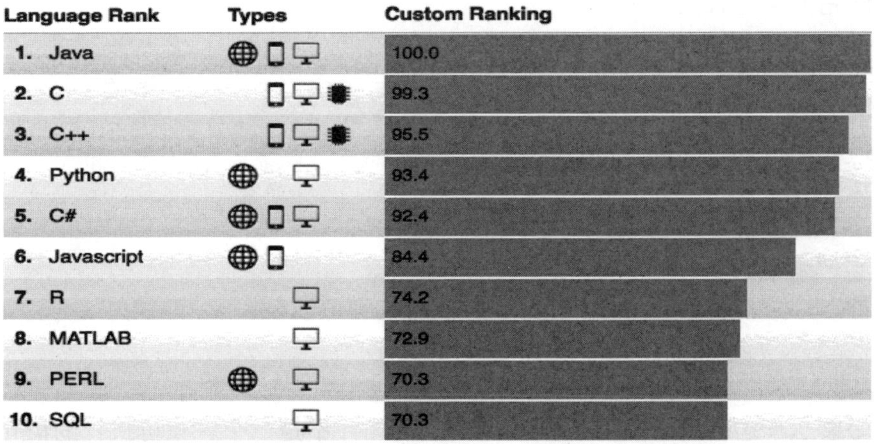

图 1-1　2014 年编程语言综合排名（IEEE Spectrum）

“人生苦短，我用 Python”，相信这句话对于 Python 程序员来说一定不会陌生。“如果一个事情有多种解决方法，那么一定有一种最好的方法来做这件事情”。抛开冗长的代码，也不要费解的逻辑，让写代码成为一种享受，让读代码成为一件轻松的事情。这就是 Python 的设计思想。如果您的机器上已经安装了 Python 的 IDLE，那么就请打开 Python Shell 窗口，让我们从 Hello World 之旅开始 Pyhton 的探秘吧。

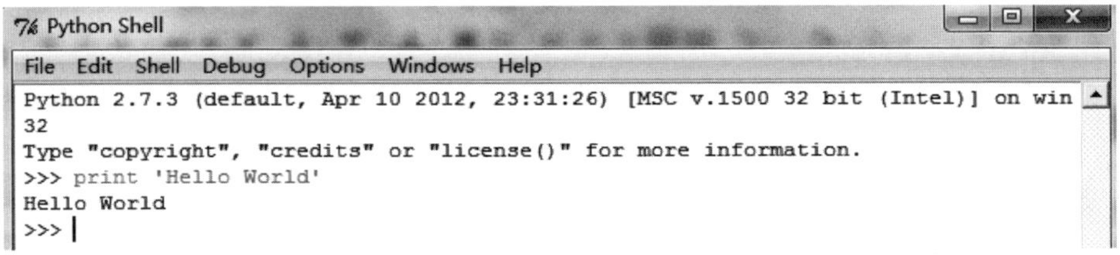

上面这行 print 语句就是在控制台上输入一个字符串，该窗口是一个交互式的解释器窗口，在>>>状态下输入的代码，回车之后即可执行。让我们再来做一个复杂一点的工作，输入下面这行代码：

```
>>> [x for x in range（100）if x% 3 == 0]
```

回车执行之后，你会发现打印出的一串数字都是 3 的倍数，是的！这句话所做的工作就是打印出 0～100 之间能被 3 整除的整数。是不是就像直接阅读英文一样呢？没错，Python 就是这样的易读！至于这行代码为什么要用[]括起来，稍后等您读完本章之后就了然于心了。

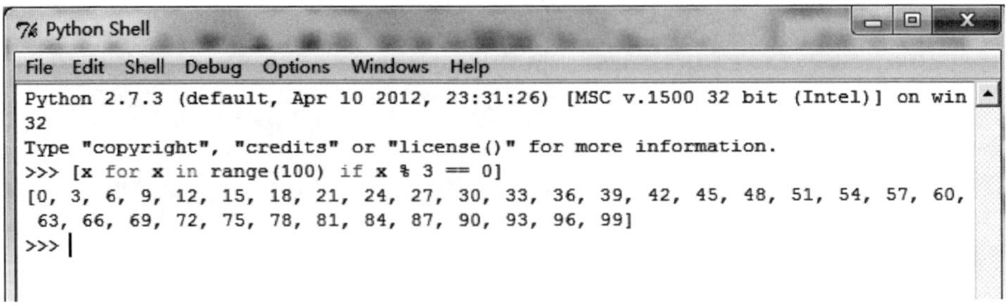

如果回车之后 Python Shell 检测到该语句并不是一个完整可执行的语句，那么它会继续保持>>>状态，并通过自动缩进识别函数体。例如下面这个例子，您

是否能够猜到这段代码所做的工作呢？

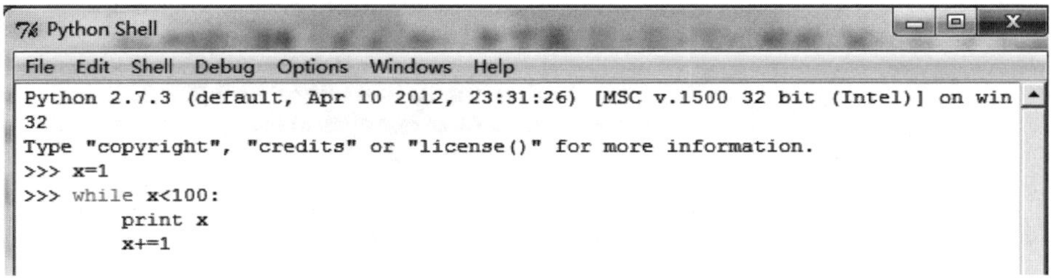

当输入完最后一行代码之后，两次回车将会执行这个代码段，利用 while 循环语句，打印出 100 之内的所有整数。是不是有点“小清新”的风格呢？Python 代码的书写方式就像是在写诗，一行语句即是一个命令，不需要分号直接换行，函数体不需要括号而是依靠缩进来识别。

看到这里，相信您已经感受到了 Python 的可爱，简洁优美，平易近人，不过 Python 简洁却并不简单，它的功能可不容小觑。不说 Python 自带的标准库已经足够强大，如访问操作系统的 os 模块，与解释器相关的 sys 模块，读写文件的 fileinput 模块，正则表达式的 re 模块等，Python 还拥有众多的第三方库，例如处理空间数据的 GDAL/ORG，类似 matlab 的可视化包 matplotlib，科学计算包 Scipy，进行复杂网络分析的 NetworkX 等。这恐怕也是 Python 如此流行的原因，无论是数据库，还是网络、互联网、图形、游戏、科学计算，甚至连宇航员都在使用 Python。在我们正式开始工作之前，还是先来了解一下 Python 的安装以及开发环境。

1.2 欲善其事先利其器

“工欲善其事，必先利其器”，在书写 Python 代码之前，首先要完成两件事情：一是 Python 的安装，二是选择一款好用的集成开发环境。目前，Python 有两个版本，一个是 2.x 版，另一个是 3.x 版，都可以从 Python 的官网（https://www.python.org）下载，但这两个版本不互相兼容。因为要与 ArcGIS 协同工作，所以我们要保证 Python 的版本同 ArcGIS 的要求一致。不同版本的 ArcGIS 支持不同版本的 Python，如 ArcGIS10.0 支持 Python2.6，ArcGIS10.1 版本支持 Python2.7，ArcGIS10.2 版本支持 Python2.7.3。也就是说，ArcGIS 的安装程序里已经准备好了 Python 的安装文件，会跟随 ArcGIS 一同安装，安装完成后就会得到 Python 解释器，负责 Python 代码的运行。如图 1-2 所示，即为 ArcGIS 10.2 安装过程中自动安装的 Python 解释器。

图 1-2 Python 2.7.3 安装

下面将主要介绍第二件事情，即 Python 集成开发环境的选择。

1.2.1 IDLE

IDLE 是一款跨平台的 Python 开发工具，在 Python 安装时自动安装的一个集成开发环境。打开 Python IDLE 是一个名为 Python Shell 的窗口，代码有两种书写和执行的方式。第一种方式是在 Python Shell 的交互式窗口中，在>>>状态下输入代码，回车即执行，该方式适合交互式的编程，即时查看输出结果，一般不需要对代码进行保存的时候可以选择这种执行方式（见图 1-3）。另一种方式是点击 File—New Window，在新打开的窗口中书写的代码将会保存为脚本文件（后缀是.py），通过 Run Module 运行代码块，该脚本文件可以再次打开编辑和执行。IDLE 的优势是跨平台，彩色显示，自动完成变量和语法提示，但是跟踪调试功能就有点让人失望了。

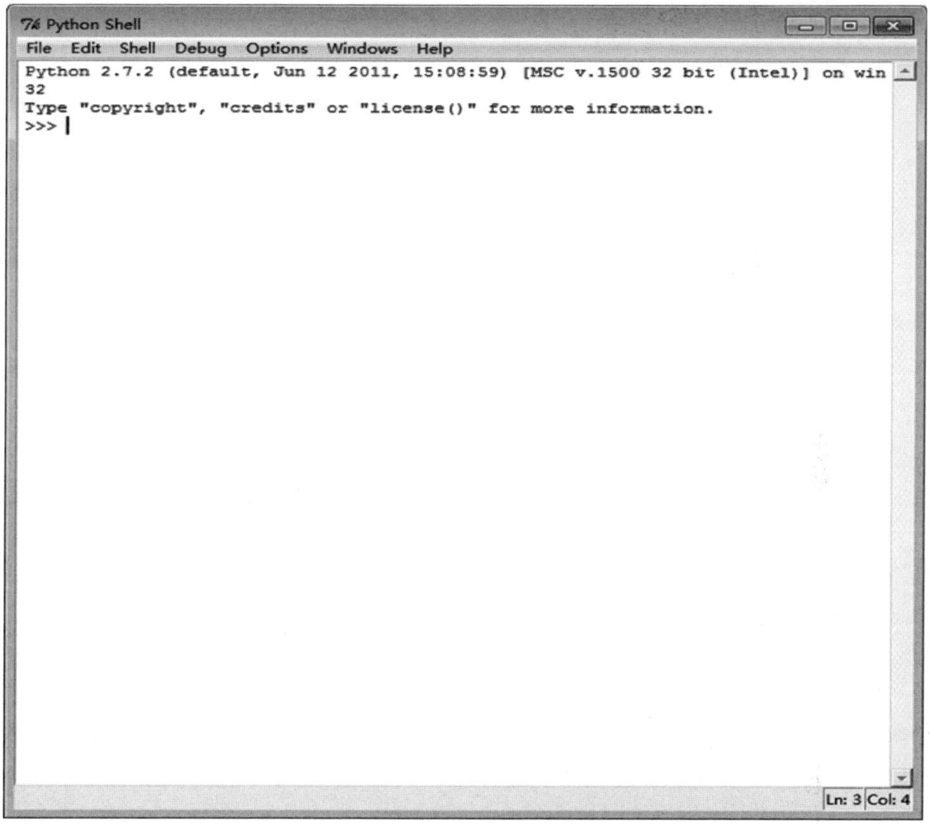

图 1-3 Python IDLE 界面

1.2.2 PythonWin

PythonWin 是一款优秀的开发工具，小巧、执行速度快（见图 1-4）。ArcGIS10.1 之前的版本都会在软件安装光盘中自带 PythonWin 的安装文件，点击安装即可。但是从 ArcGIS10.1 开始不再提供 PythonWin 的安装包，您可以在 http://sourceforge.net/projects/pywin32/files/pywin32/上下载相应的版本。PythonWin 仅能运行在 Windows 平台上，但是其除了具备 IDLE 的优点之外，还支持标准的断点设置和跟踪调试功能。默认安装会继承 Python 的安装目录，路径为 C:\Python27\ArcGIS10.1\Lib\site-packages\pythonwin。

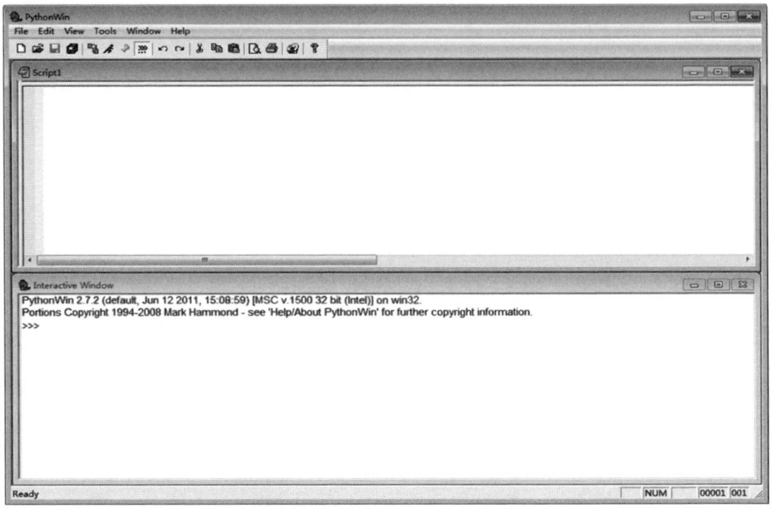

图 1-4 PythonWin 界面

1.2.3 PyScripter

PyScripter 是一个使用 Delphi 开发的开源的 Python 集成开发环境(见图 1-5)。PyScripter 支持 Python2.4 到 Python3.2 不同版本，而且可以根据需要切换。PyScripter 也支持语法高亮，自动完成变量，断点设置和跟踪调试等功能，除了支持 Python 还可以编辑 Javascript、PHP、HTML、XML 等文件。

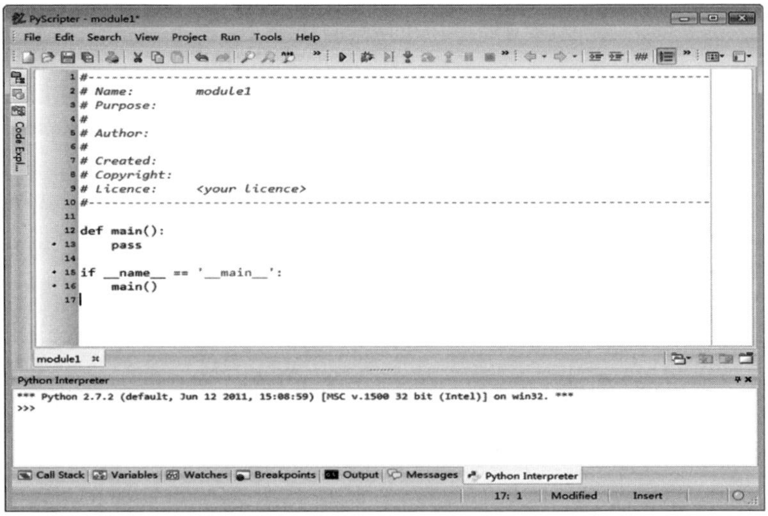

图 1-5 PyScripter 界面

1.2.4 PyCharm

PyCharm 是由 JetBrains 打造的一款 Python IDE，除了具备 IDE 通用的功能，如调试、语法高亮、Project 管理、智能提示等功能外，还提供了一些很好的功能用于 Django 开发，同时支持 Google App Engin 和 IronPython（见图 1-6）。PyCharm 有两个版本，Profession 版本收费但提供 30 天试用，Community 版本则是免费的。

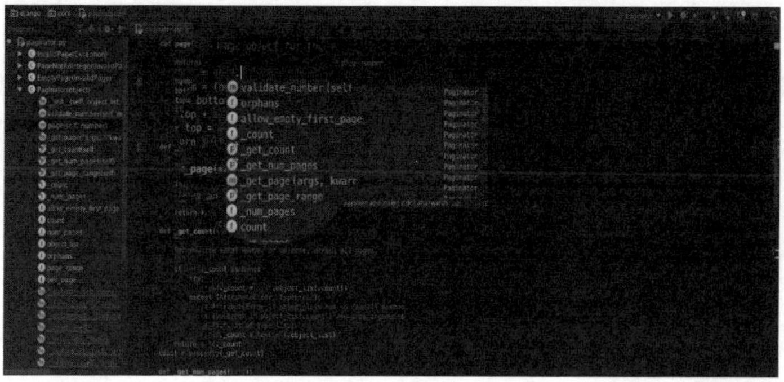

图 1-6 PyCharm 界面

1.2.5 Wing IDE

Wing IDE 由 Archaeopteryx Software 公司开发与支持，专业版是收费的，其最大的特色是可以调试 django 应用，支持 Windows、Linux 和 Mac OS X（见图 1-7）。

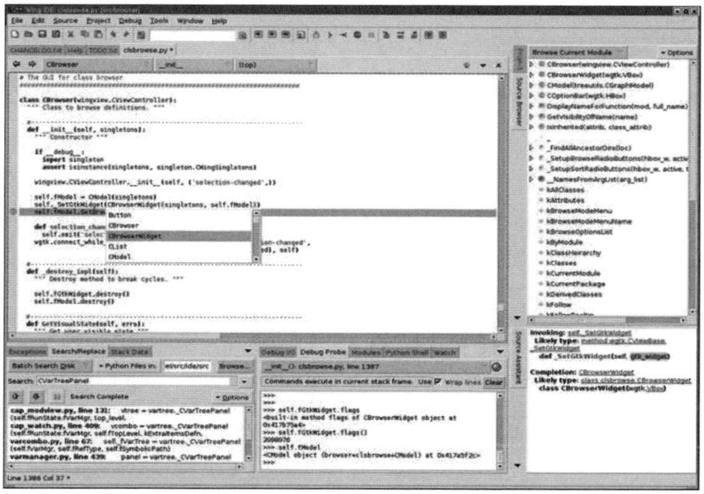

图 1-7 Wing IDE 界面

1.2.6 Boa Constructor

Boa 是一个免费的跨平台的 Python IDE 和 WxPython GUI，可以提供可视化的编程和操作框架，能方便地进行程序设计（见图 1-8）。

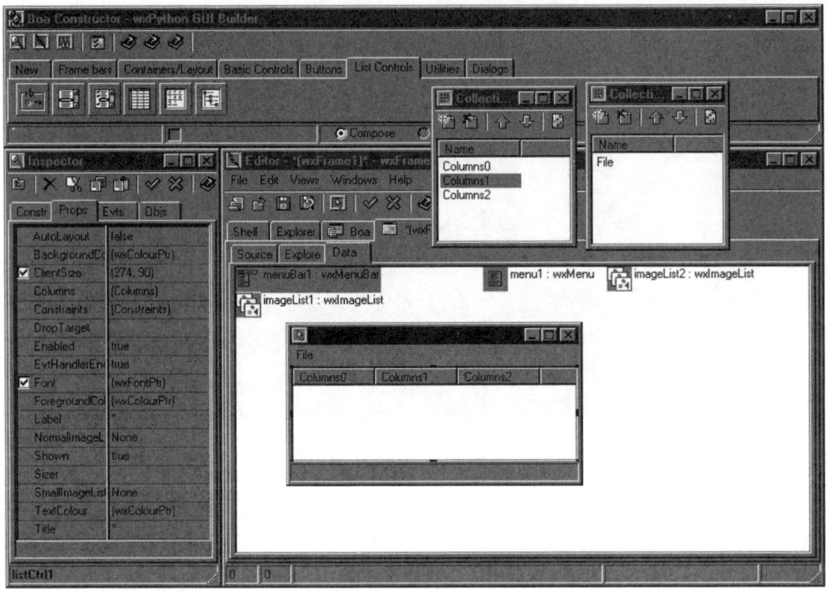

图 1-8 Boa Constructor 界面

1.2.7 PyDev

PyDev for Eclipse 是一个功能强大且易用的 Eclipse Python IDE 插件，也是一个开源的项目。它提供了一些很好的功能，如：语法错误提示、源代码编辑助手、Quick Outline、Globals Browser、Hierarchy View、运行和调试等。

下面，就让我们打开钟爱的 Python 开发环境，来享受 Python 的编程乐趣吧。

1.3 第一个 Python 程序

这里我们使用 Python 来绘制一个带岛的多边形，如图 1-9 所示：

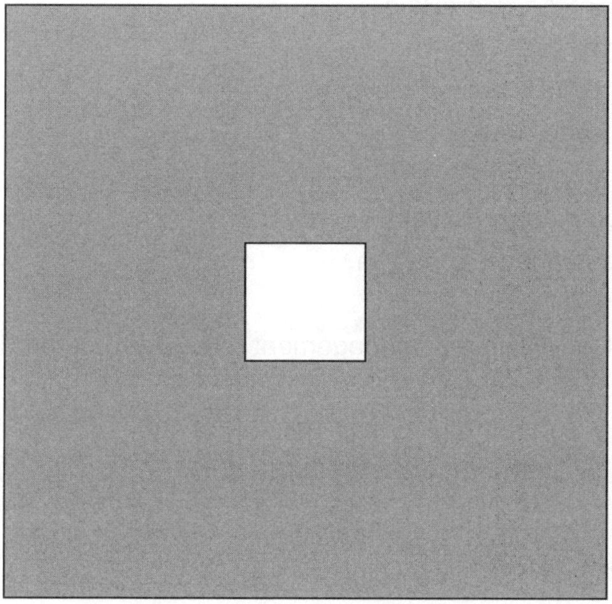

图 1-9　Python 绘制的多边形

新建一个脚本（.py）文件，书写以下代码：

```
#-*- coding：utf-8 -*-
import arcpy
arcpy.env.overwriteOutput = True
#指定输出数据的路径
outputFeatureClass = r"C:\PYDATA\result\Holepoly.shp"

def DrawPolygon（coord_lst）：
    array = arcpy.Array（）
    point = arcpy.Point（）
    # Create a list to store the features
    features = []
    # 读取坐标串
    for part in coordList：
      for coordPair in part：
        point.X = coordPair[0]
```

```
            point.Y = coordPair[1]
            array.add（point）
        null_point = arcpy.Point（）
        array.add（null_point）
    #调用 arcpy 绘制多边形
    polygon = arcpy.Polygon（array）
    features.append（polygon）
    #生成要素类
    arcpy.CopyFeatures_management（features，outputFeatureClass）
if __name__ == '__main__':
    #定义多边形的坐标，岛多边形的外轮廓和内轮廓坐标用逗号分隔
    coordList = [[[0，0]，[0，10]，[10，10]，[10，0]，[0，0]]，[[4，4]，[4，
6]，[6，6]，[6，4]，[4，4]]]
DrawPolygon（coordList）
```

这段代码所做的事情就是按照指定的坐标绘制了一个中空的岛多边形，首先我们注意到代码的第一行：

#-*- coding：utf-8 -*-

这行注释的意思是声明使用 utf-8 进行编码，这样在脚本文件中可以书写中文，否则 Python2 会默认使用 ASCII 编码。

import arcpy

这行语句则是通过 import 关键字对 Python 的一个第三方包 arcpy 进行导入，从而使用其中的功能，至于 arcpy 这个强大的包可以做什么事情，将会在第 2 章进行详细介绍。

整个程序的运行入口依然是 main 函数，在 if __name__ == '__main__'里我们定义了要绘制多边形的坐标信息，并将坐标传递给了 DrawPolygon 函数进行绘制。

通过这段代码，我们注意到 Python 的一些特点：

（1）函数体不需要使用大括号括起来，而是用缩进来识别；

（2）写完一行代码即换行，不需要分号标识；

（3）直接对变量进行赋值，不需要指定其数据类型，如这里的 coordList；

（4）用#或##注释代码。

小试牛刀之后，诸位看官可能对 Python 还是雾里看花，先别着急，我们还需要来深入了解 Python 的数据结构、变量、函数等基本的语法规则。

1.4 再来认识 Python

1.4.1 变量

变量是在计算机内存中为存储数据开辟的内存单元，根据变量的数据类型，解释器分配内存并决定如何存储在内存中。因此，通过指定不同的数据类型的变量，你可以存储整数，小数或字符串等。Python 中指定变量的数据类型非常简单，只需要将要存储的值直接赋给变量即可：

```
a = 100              # 存储整型数值
b = 100.0            # 存储浮点型数值
str = "Hello world"  # 存储字符串
```

像这种不需要显式声明变量类型的语言被称为动态语言，但是不同类型的数据碰到一起的时候可能会出点小麻烦，例如下面这两行代码希望将学生的分数打印出来。

```
>>> num=90
>>> print "The score is："+num
Traceback（most recent call last）：
  File "<pyshell#1>"，line 1，in <module>
    print "The score is："+num
TypeError：cannot concatenate 'str' and 'int' objects
```

可是执行之后程序却抛出了异常，其原因在于我们用加号（+）来连接的应该是两个字符串，而 num 变量存储的却是一个整型数据。这时候就要对数据进行强制地转换，我们可以借助 str 函数来实现。

```
>>> print "The score is："+str（num）
The score is：90
```

可以看到，Python 的变量定义十分简单，只需要将变量值告诉解释器即可，但是千万不要忘记在需要改变数据类型的时候要显式地进行转换！

1.4.2 字符串

还记得在 1.1 小节我们是如何打印出 Hello World 的吗？学习了变量之后我们可以将字符串存储在变量中，这样的好处是可以在多个地方都能够使用这个变量。

>>> str="Hello World"

>>> print str

Hello World

这里定义了一个名为 str 的变量，通过赋值符号（=）把一个字符串赋值给了 str，再调用 print 语句将其打印在控制台上。在实际工作中往往比这更复杂，我们可能需要对字符串的输出进行控制以及进行合并、分割、替换等操作。

（1）格式化输出

更多时候，我们可能想以更灵活的方式对字符串进行输出，例如：“小明的成绩是：90 分”，其中小明和 90 都会随着学生的变化而变化，这就需要提供一种简便的对字符串进行格式化输出的方法，例如下面的语句：

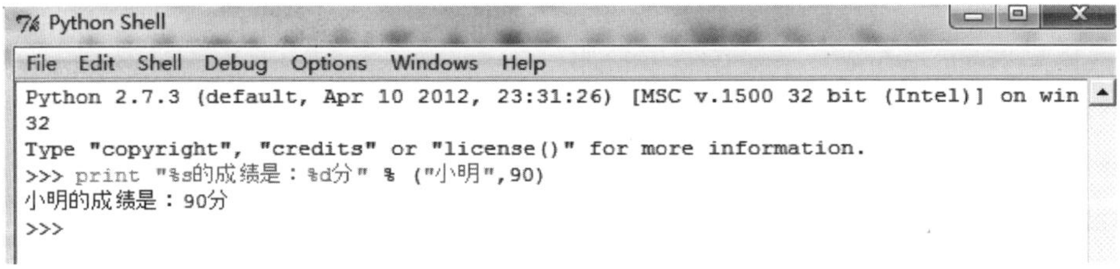

您可能猜到了，%运算符就是用来格式化字符串的。在字符串内部，% s 表示用字符串替换，% d 表示用整数替换，有几个%占位符，后面就跟几个变量或者值，顺序要对应，如果只有一个%，括号可以省略。常见的占位符还有% f（浮点数）和% x（十六进制整数）。

对于浮点型数值还可以精确指定小数部分的位数，例如：

>>> "% .2f"% 3.1415926

'3.14'

（2）字符串索引

字符串索引是指可以通过下标对字符串中的字符进行访问，例如：

>>> print str[0：5]

Hello

>>> print str[-5：]

World

正如结果所示，我们分别打印出了 Hello 和 World 的值，靠的就是索引来访问字符串，索引包括两种：正索引：从左边开始为 0，依次递增；负索引：从右边开始为-1，依次递减。图 1-10 即为字符串 Hello World 的正负索引位置。

H	e	l	l	o		W	o	r	l	d
0	1	2	3	4	5	6	7	8	9	10
-11	-10	-9	-8	-7	-6	-5	-4	-3	-2	-1

图 1-10 字符串索引示例

字符串支持索引分片，语法为[起始索引：终止索引]，打印出的字符串，包括起始索引，但不包括终止索引，例如 str[0：4]只能打印出 Hell 不能打印出 Hello，那如果想打印出 World 字符串呢？str[6：11]当然是可行的，但其实不必每次都往后延伸一位索引，您只需缺省终止索引就好了，如 str[6：]或我们上面示例中使用的 str[-5：]。

注：索引分片可以同时使用正负索引，如[-5，11]也能打印出 World，但要保证的是起始索引字符的位置一定要在终止索引字符位置的左边。

（3）查找和替换

find 方法用来在一个字符串中查找子字符串，返回子字符串所在位置的最左端的索引值，如果没有包含该字符串，则返回-1。

```
>>> str="Hello World"
>>> str.find（"World"）
6
```

replace 方法可以将一个字符串中的某一个或某几个字符替换为其他字符串。

```
>>> str="Hello World"
>>> print str.replace（"W"，"w"）
Hello world
```

（4）字符串分割

split 方法会将一个字符串分隔为序列，默认是将空格作为分隔符。

```
>>> str="Hello World"
>>> print str.split（）
['Hello'，'World']
>>> print "/user/bin/env".split（'/'）
['，'user'，'bin'，'env']
```

(5) 字符串连接

除了用加号来连接多个字符串之外，还可以使用 join 方法。

```
>>> str1="Hello "
>>> str2="World"
>>> print str1+str2
Hello World
```

抑或这样：

```
>>> print "".join（[str1，str2]）
Hello World
```

(6) 强制转换为字符串

str 和 repr 方法都可以对非字符串类型的数据进行强制转换。

```
>>> num=90
>>> print "The score is："+repr（num）
The score is：90
```

注：str（ ）和 repr（ ）的区别可见 Python Manuals。

(7) 路径字符串

在处理地理数据时，不可避免要和路径打交道，我们已经学会了连接字符串的方法，于是我希望把一个文件夹的位置和一个 Shapefile 拼接起来，得到数据完整的路径：

```
>>> dir="C:\DATA\World"
>>> file="city.shp"
>>> print dir+"\"+file
Traceback（File "<interactive input>"，line 1
    print dir+"\"+file
                      ^
SyntaxError：EOL while scanning string literal
```

但是结果却出乎意料！这是因为在 Python 中，“\”（转义字符）有更多的含义，标准的路径写法如下：

```
"C:\\DATA\\World\\city.shp"
```

或 "C:/DATA/World/city.shp"

或 r"C:\DATA\World\city.shp"

试试把上面代码中的"\"改为"\\"吧！

```
>>>import os
>>> path= r"C:\DATA\World\city.shp"
>>> print os.path.dirname（path）
C:\DATA\World
>>> print os.path.basename（path）
city.shp
```

上面的代码中，我们使用了 os 模块里的方法（见 1.4.6），分别打印出一个完整路径的目录路径和一个文件名。虽然这里的语法内容稍稍有些超前，但请记住这两个非常有用的方法！让我们继续来看 Python 中其他的数据类型吧。

1.4.3 列表

列表（List）是用方括号定义的一组有序数列，如['a'，'b'，'c'，'d']，对列表中的对象，可以通过索引下标访问，且支持索引分片，还可以通过循环语句（见 1.4.6）进行遍历。在很多情况下，在我们需要对数据进行批处理的时候，通常都会把数据放在列表之中，通过遍历进行处理。下面来介绍列表常用的一些方法和操作：

（1）插入对象

insert 方法用于将某个对象添加到列表的指定位置。

```
>>> mylist=["a"，"b"，"c"，"d"]
>>> mylist.insert（2，"e"）
>>> print mylist
['a'，'b'，'e'，'c'，'d']
```

append 方法用于将某个对象添加到列表的末端。

```
>>> mylist=["a"，"b"，"c"，"d"]
>>> mylist.append（"e"）
>>> print mylist
['a'，'b'，'c'，'d'，'e']
```

extend 方法用于将另一个列表追加到现有列表末端。

```
>>> mylist=["a"，"b"，"c"，"d"]
>>> mylist.extend（["e"，"f"]）
```

```
>>> print mylist
['a'，'b'，'c'，'d'，'e'，'f']
```

注：append（ ）和 extend（ ）的区别主要是 extend（ ）一般用于追加多个值。

（2）删除对象

remove（x）：删除列表中第一个遇到的 x 对象

```
>>> mylist=["a"，"b"，"c"，"d"]
>>> mylist.remove（"c"）
>>> print mylist
['a'，'b'，'d']
```

pop（[i]）：将指定索引位置的对象移除，并返回该对象的值。如果不指定该方法中的索引参数，则移除列表最末端的对象

```
>>> mylist=["a"，"b"，"c"，"d"]
>>> mylist.pop（1）
'b'
>>> print mylist
['a'，'c'，'d']
```

注：remove（ ）和 pop（ ）的区别主要是 pop（ ）可以返回移除对象的值。

（3）反转序列

reverse（）：对列表中的对象进行反序排列

```
>>> mylist=["a"，"b"，"c"，"d"]
>>> mylist.reverse（）
>>> print mylist
['d'，'c'，'b'，'a']
```

注：列表存储的对象可以是混搭的，比如同时存储字符串和数值，如["a"，"b"，1，2，3]，也可以列表内嵌套列表，如[["a"，"b"]，[1，2，3]]。另一种和列表类似的数据结构叫做元组（tuple），是用圆括号定义的一组有序数列，元组不可更改，如果是静态不变的序列，元组的访问效率更高。

1.4.4 元组

元组（Tuple）是用圆括号定义的一组序列，也可以通过下标索引进行访问，与列表不同的是元组不能修改。

```
>>> mytuple=（1，2，3）
>>> print mytuple[1]
2
```

尽管如此，元组并非可以被列表所替代，一方面因为元组的执行效率要高于列表，另一方面元组还是不少 Python 内建函数的返回类型。

1.4.5 字典

字典（Dictionary）是用大括号定义的一组无序序列，每个对象包括“键-值”（key-value）两部分，字典的使用类似于我们想查看某个词条的解释（value），就需要先查找到这个词条（key）。比如我们想存储一组学生的成绩，就可以这样定义：

```
>>>mydic={"Jack"：80，"Mary"：95，"Lucy"：90}
>>> print mydic["Mary"]
95
```

访问字典时，还有更稳妥的一种方法：

```
>>> print mydic["Lily"]
Traceback（most recent call last）：
  File "<interactive input>"，line 1，in <module>
KeyError：'Lily'
>>> print mydic.get（"Lily"）
None
```

当试图访问字典中不存在键时，直接通过下标就抛出了异常，而用 get（）方法仅会给我们返回一个空的对象！

1.4.6 模块

在前面处理路径字符串的时候，我们用到了这样的语句：

```
import os
```

这里的 os 对应的就是一个模块（Module），如果不使用 import 关键字导入该模块，就无法直接调用 os 模块中的 path.dirname 和 path.basename 函数。import 的标准写法如下：

import 模块名称 （1）

from 模块名称 import 函数名称 （2）

from 模块名称 import 函数名称 as 别名 （3）

（1）这种方式导入模块后，调用函数时需要写模块名.函数名，如：

```
import os
os.path.basename（path）
```

（2）这种方式可以直接调用该函数，如：

```
from os.path import basename
basename（path）
```

（3）这种方式可以在之后的代码用直接通过别名调用函数，与（2）的区别主要在于对不同模块中的同名函数进行区分，如：

```
from moduleA import open as openA
from moduleB import open as openB
```

1.4.7 条件和循环语句

（1）条件语句

条件语句用来对情况进行判断，最简单的情况即为 if 条件表达式，条件为真时执行 if 子句，如果还要处理其他情况，则会配合 elif 和 else 一起来使用。

```
num=input（"Please enter a number："）
if num < 10：
    print "Less than 10"
elif num == 10：
    print "Equal to 10"
else：
    print "Large than 10"
```

运行代码首先会弹出一个提示用户输入的对话框，这里使用 input 内建函数获取用户所输入数字（先不关心非法输入问题），然后分别针对 3 种情况对该数字进行判断，进而打印出相应的语句输出到交互窗口中。

注：条件表达式中判断相等应该用==，仅有一个=代表赋值运算。

（2）循环语句

循环语句用来对一个集合中的对象进行遍历或对一段代码执行多次，常见的为 for 循环和 while 循环两种。例如：

```
x=1
while x <= 10：
```

```
    print x
    x+=1
```

这里注意一定要给 while 一个能终止的条件，如 x<=10，否则你的计算机就要无止境的计算下去了。

for 循环更是在大多的场合使用，可以使用 for 循环来对列表和字典进行遍历。

①遍历列表

```
mylist=["a"，"b"，"c"，"d"，"e"]
for item in mylist：
    print item
```

或者：

```
for i in range（len（mylist））：
    print mylist[i]
```

②遍历字典

```
mydic={"Jack"：80，"Mary"：95，"Lucy"：90}
for key，value in mydic.items（）：
   print "Student："+key+"；Score is："+str（value）
```

或者：

```
for key in mydic：
   print "Student："+key+"；Score is："+str（mydic[key]）
```

输出结果为：

```
Student：Lucy；Score is：90
Student：Jack；Score is：80
Student：Mary；Score is：95
```

1.4.8 内建函数

Python 中还有一些不需要 import 导入模块而直接可以调用的函数，称为内建函数，下面列出一些常用的内建函数（见表 1-1）。

表 1-1 Python 内建函数

函数名	描述
abs	返回一个数的绝对值
max	返回所有参数中的最大元素
min	返回所有参数中的最小元素

函数名	描述
sum	返回一系列数字之和
round	对浮点型数字四舍五入到小数点后面 n 位
pow	求某个数字的指数
cmp	比较 x，y 两个数的大小，如果 x<y 返回负数；反之返回正数
len	返回给定对象的长度
range	以列表形式返回一个区间内的数字
repr	返回对象的字符串，一般作为 eval 的参数
str	返回对象的字符串
input	获取用户输入
raw_input	获取用户输入，返回为字符串型
file	创建文件
open	打开文件
help	打印对象的帮助信息

1.4.9 自定义函数

函数是可重复使用的代码块，用于执行一个相对独立的功能，函数为代码的重用提供了一种很好的机制。除了可以灵活使用上一节提到的 Python 内建函数之外，用户也可以创建自己的函数，这些函数称为用户自定义函数。

用户自定义函数包括 def 关键字、函数名、函数参数、函数体以及返回值几个部分，如果 return 后不带表达式，则返回为 None。

```
def myFunction（arg1，arg2）
    function body
    return expresssion
```

结合上面讲的分支和循环我们来实现一个斐波那契（Fibonacci）数列。斐波那契数列指的是这样一个数列：1，1，2，3，5，8，13，21，34，55，89，144，…从第三项开始，每一项都等于前两项之和。斐波那契数列也称黄金分割数列，因为前一项除以后一项的值接近于黄金分割比例。该数列也有很多有趣的解读，例如爬楼梯，如果每次只能爬一阶或两阶，那么上到第二阶就有 2 种方法，上到第三阶就有 3 种方法，上到第四阶就有 5 种方法。Fibonacci 数列的数学表达式为：

$$F(n)=F(n-1)+F(n-2)$$

$$F(1)=1$$

$$F(2)=1$$

斐波那契数列

```
def fib（n）：
    if n <=2：
        return 1；
    else：
        return fib（n-1）+fib（n-2）
if __name__ == '__main__'：
    result=[]
    count=1
    while count <10：
        result.append（fib（count））
        count +=1
    print result
```

首先定义一个 fib 函数（def 关键字），传入的参数即为数列中的第 n 项。然后在条件语句中直接套用上面给出的数学表达式，主要是在 else 字句里，利用递归来实现斐波那契数列的计算，同时通过 return 告诉函数返回值。接下来在主程序中通过 while 循环将每一次 fib 函数计算的值存储在一个名为 result 的列表中，最后把结果打印输出到交互窗口。

1.5 本章小结

至此，Python 的基础知识我们已经介绍完了，这一章要做的就是夯实基础，当您能编写稍微复杂点的程序时，就会发现万变不离其宗，再复杂的程序也是由这些基础数据结构与函数组成的。在开始和 ArcGIS 的邂逅之旅前，让我们再来回顾一下 Python 的几个主要特点：

（1）Python 是一门动态强类型的脚本语言；

（2）Python 是严格缩进的，很多时候程序运行出错都是这个原因。为了养成编码的良好习惯，建议使用一个 Tab 键的缩进；

（3）Python 区分大小写，如 Road 和 road 就是两个不同的变量，但是也有特例，那就是文件的路径不区分大小写；

（4）Python 是开源的，且拥有功能强大的标准库和第三方库，详见本书附录 A 和附录 B 部分。

第 2 章　牵手 ArcPy

ArcPy 是 ArcGIS 中包含的一个地理数据处理的核心功能包，它既是对 ArcGIS 中地理处理功能（Geoprocessing）的封装，又是 Python 的第三方扩展库。因此，Python 正是通过 ArcPy 来和 ArcGIS 通信，从而调用其强大的地理处理、分析、输出以及可视化等功能。本章将详细介绍 ArcPy 的功能、组织结构以及在 Python 中的调用方法。

2.1　Geoprocessing：数据处理有一手

2.1.1　什么是 Geoprocessing

Geoprocessing 是 ArcGIS 的三大功能[空间可视化（Geovisualization）、地理数据管理（Geodatabase）、地理处理（Geoprocessing）]之一，泛指对地理数据进行处理的所有操作，它为用户提供了丰富的工具和一个动态可扩展的框架。在 ArcGIS10.1 版本的 ArcToolbox 工具箱中，囊括了 800 多个地理处理的工具（Advanced（ArcInfo）版本），包括格式转换工具、数据管理工具、制图工具、空间分析工具、三维分析工具、网络分析工具、空间统计工具等，几乎可以说涵盖了所有常见的地理处理和空间分析任务。不仅如此，Geoprocessing 还提供了开放的接口，可供用户进行扩展。Geoprocessing 框架支持 Model Builder 自定义工具扩展、Python 脚本扩展以及基于 ArcObject 的扩展方式，灵活多样地满足用户开发自己的第三方工具的需求，并可以很好地集成在 ArcGIS 软件中进行工作。

Geoprocessing 的工作方式通常以工作流的形式呈现，执行一个工具，即是一个简单的工作流。比如需要对数据进行裁切，就会有一个输入数据，经过裁切（Clip）工具处理，生成一个新的数据。地理处理的流程往往是比较复杂的，生成的输出数据会作为下一步分析处理的输入数据，这样串联起来就形成 Geoprocessing 工作流。面对这样复杂的任务，我们可以使用 Model Builder 或者

Python 的方式来调用 Geoprocessing 功能，可以使数据处理流程自动化，以达到事半功倍的效果。

2.1.2 Geoprocessing 示例

这里我们以一个提取数据的小例子来介绍 Geoprocessing 不同的调用方法，以及如何进行数据处理。样例数据位于"C:\PYDATA\Database\Zion.gdb"中，我们希望提取位于美国锡安国家公园范围内（Park_boundary）所有 Springs 的位置。我们使用四种不同的方式来调用 Geoprocessing，如图 2-1 所示。

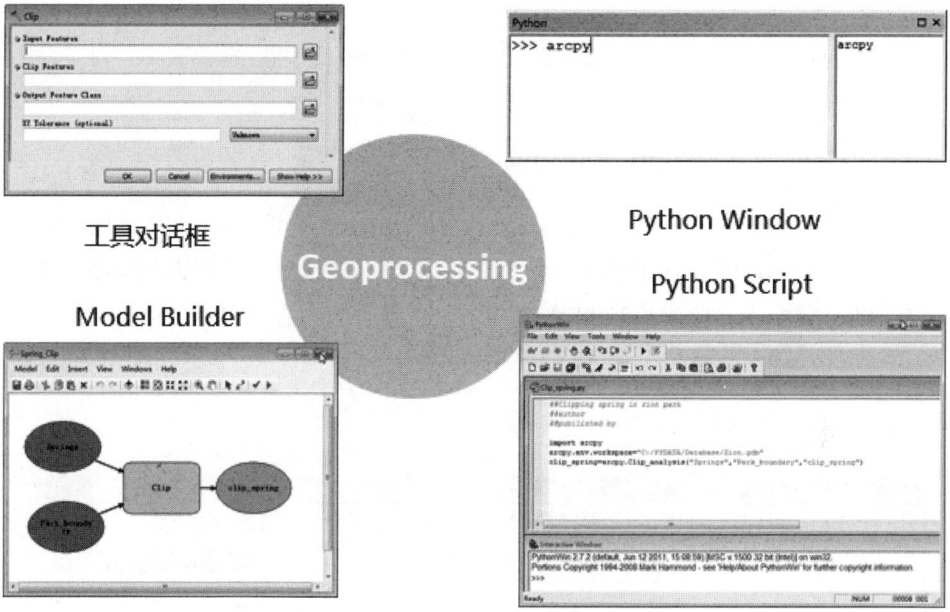

图 2-1 Geoprocessing 调用方式

（1）方法一：工具对话框

在 Analysis 工具箱中找到 Clip 工具，双击打开，按图 2-2 填写参数，指定输入数据存放的路径，如果在 ArcMap 中已经加载了 Springs 数据，则可以直接在下拉列表中选择该图层。

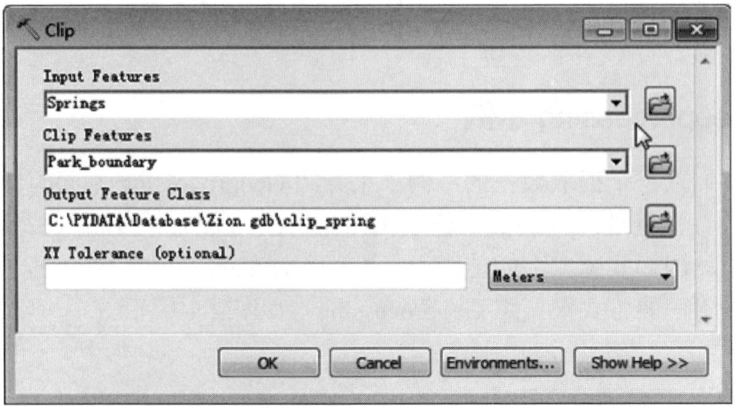

图 2-2　Clip 工具对话框

（2）方法二：Python Window

Python Window 是内嵌在 ArcMap 中的 Python 执行窗口，可以交互式的输入命令行，也可以通过右键菜单 Load 一个 py 脚本文件执行，输出结果会自动加载到 ArcMap 视图中。通过 Python Window 可以调用所有 Geoprocessing 功能。

点击 ArcMap 工具条上的 Python Window 按钮，按图 2-3 输入命令行，回车执行。

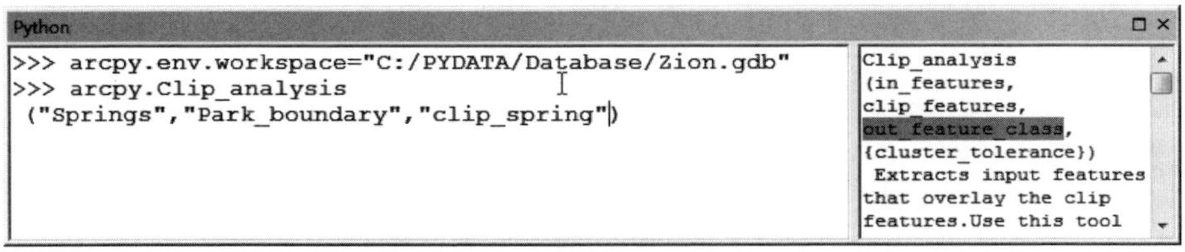

图 2-3　Python Window 命令行

（3）方法三：Model Builder

Model Builder 是内嵌在 ArcGIS 中的一个可视化建模工具，以流程化的形式记录 Geoprocessing 工作过程。Model Builder 的优势是便于保存和共享，可以通过 Model Builder 构建用户自己的专业模型。Model Builder 存放在自定义工具箱中，可以在文件夹或者 Geodatabase 中创建自定义工具箱。

创建自定义工具箱，在工具箱中新建 Model，建立如下流程（见图 2-4），点击 Run 命令执行。

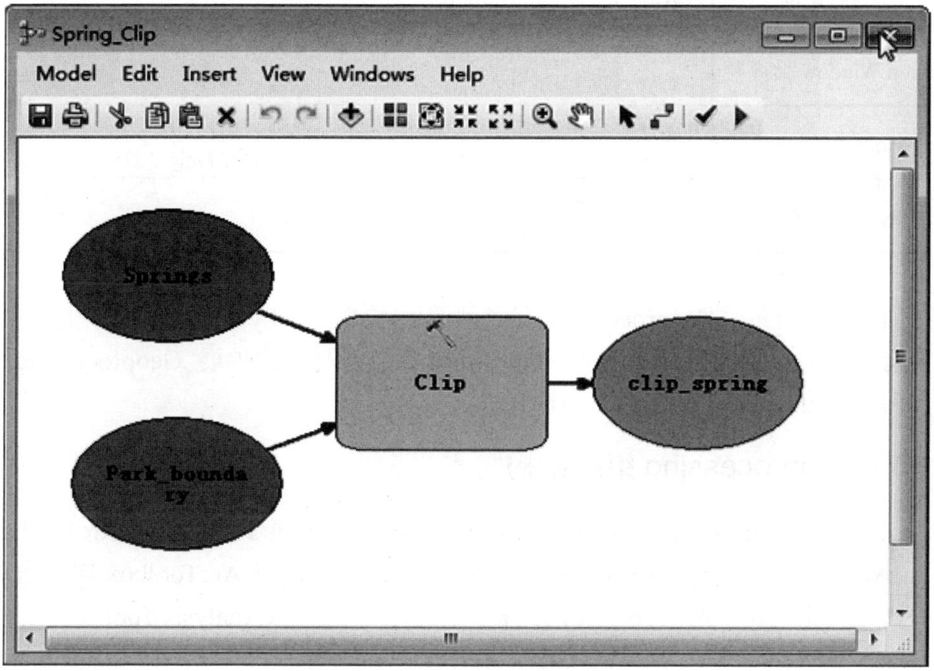

图 2-4　Model Builder 模型界面

(4) 方法四：Python Script

创建独立脚本程序，在 PythonWin 中执行。

```
import arcpy                                                                ①
arcpy.env.workspace="C:/PYDATA/Database/Zion.gdb"                           ②
clip_spring=arcpy.Clip_analysis（"Springs"，"Park_boundary"，"clip_spring"）③
```

代码解析：

①导入 ArcPy（详解见章节 2.2）；

②设置分析环境中的工作空间，即输入和输出数据的默认路径；

③调用 Analysis 工具箱中的 Clip 工具，对 Springs 数据进行裁切，生成一个新的数据 clip_spring。

表 2-1　不同执行方式比较

	优　点	缺　点
工具对话框	参数填写方便，不易出错	执行速度较慢、不适合大数据量的处理
Python Window 命令行	执行速度快，代码可复用，可交互执行多行命令	需要熟悉命令行语法和参数，没有调试功能
Model Builder	可保存工作流，适合复杂工作，便于共享和复用	遍历、逻辑判断功能不够强大，不能编写自定义算法
Python Script	可保存工作流，可批处理和自定义扩展，适合复杂工作，便于共享和复用	

如表 2-1 所示，Geoprocessing 有多种调用方式，而 Python 的优势一目了然。如果有大量的数据要进行批处理，或需要自定义编写算法扩展 Geoprocessing 功能，那么 Python 将会是您不二的选择。

2.1.3 Geoprocessing 组织结构

Geoprocessing 框架在 ArcGIS Desktop 中以工具箱的形式呈现——ArcToolbox。在 ArcMap，ArcCatalog，ArcScene，ArcGlobe 中均可以打开 ArcToolbox 嵌入窗口。以分析工具箱为例，ArcToolbox 的结构组织包括工具箱（Analysis Tools）、工具集（Extract，Overlay 等）、工具（Clip，Select，Split 等），每一个工具均有对应的 Name 和 Label，在工具右键菜单中打开属性对话框，即可看到工具的 Name 和 Label。要注意的是，通过 Python 调用是 Name，而不是 Label（见图 2-5）。

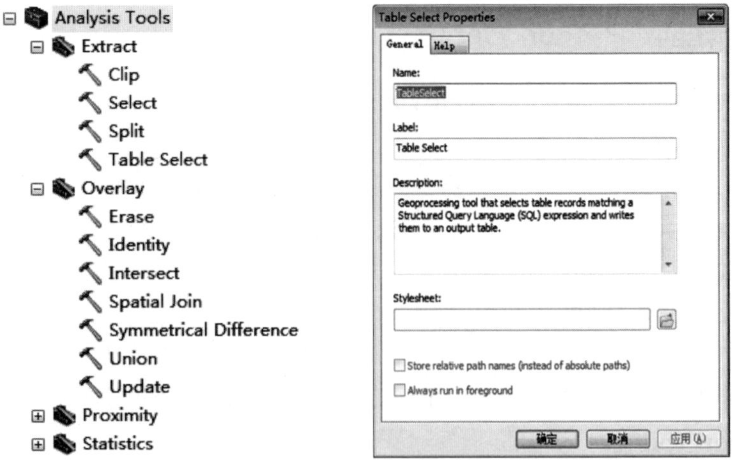

图 2-5　ArcToolbox 结构

那么会不会有同名工具的出现呢？答案是肯定的，比如 Clip 工具在 Analysis 工具箱、DataManagement 工具箱中都有出现，但作用不同。因此，为了避免同名工具冲突，在调用的时候除了书写工具的 Name 之外，还要加上工具箱的别名（Alias），如 2.1.2 节 Python 代码示例语句中的 Clip_analysis。各个工具箱的别名如表 2-2 所示。

表 2-2 系统工具箱别名

工具箱名	别　名	工具箱名	别　名
3D Analyst Tools	3d	Linear Referencing Tools	lr
Analysis Tools	analysis	Multidimension Tools	md
Cartography Tools	cartography	Network Analyst Tools	na
Conversion Tools	conversion	Parcel Fabric Tools	fabric
Data Interoperability Tools	interop	Schematics Tools	schematics
Data Management Tools	management	Server Tools	server
Editing Tools	edit	Spatial Analyst Tools	sa
Geocoding Tools	geocoding	Spatial Statistics Tools	stats
Geostatistical Analyst Tools	ga	Tracking Analyst Tools	ta

2.1.4 Geoprocessing 分析环境设置

在调用 Geoprocessing 功能的时候，有一个非常重要的设置——Environment，这些参数是独立于工具参数之外的一些全局参数，如图 2-6 所示。它的设置会直接影响到输出结果，合适的分析环境的设置，不仅会帮我们得到想要的结果，还会方便我们工作。但是在众多分析环境参数中，并不是每个参数都要进行设置，通常情况下它会获取输入数据的默认值，比如分析范围、坐标系统等，当我们需要改变这些默认选项的时候就可以在分析环境中进行设置。

设置分析环境的方法有以下四种：

（1）全局级别设置：Geoprocessing 菜单中的 Environment，该设置对所有工具都生效；

（2）工具级别设置：在每个工具对话框界面上的设置，该设置会覆盖全局设置；

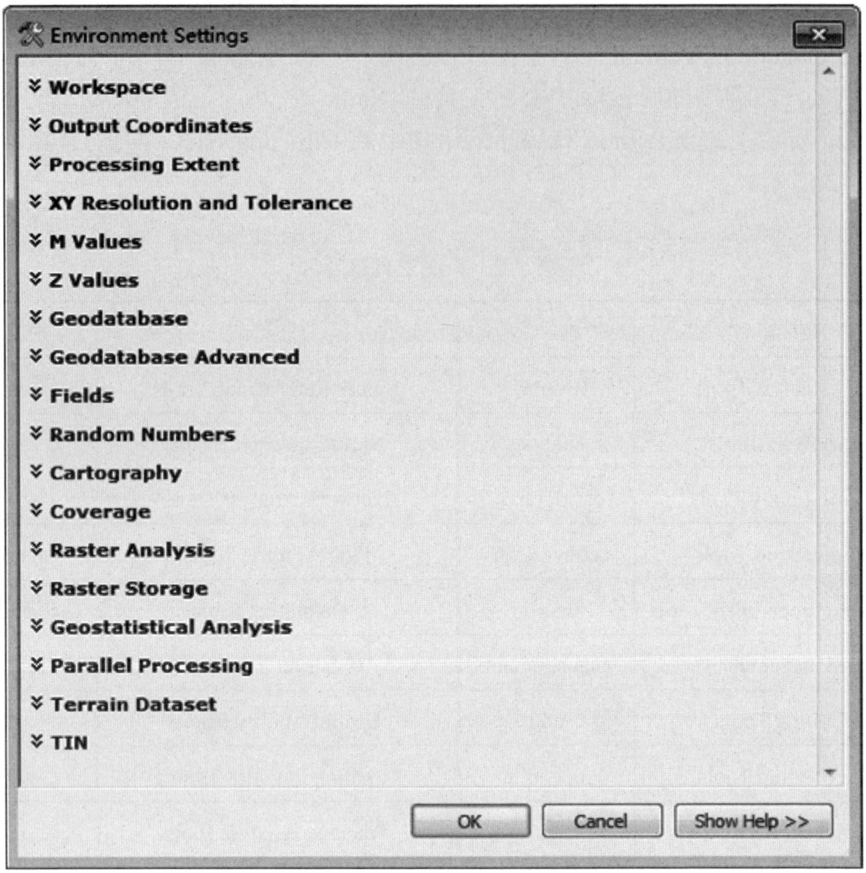

图 2-6　分析环境（Environment）设置

（3）模型级别设置：在 Model Builder 中设置并保存，会覆盖全局以及工具级别的设置；

（4）脚本级别设置：在 Python 脚本中设置，如上面方法四种的语句（2），就设置了分析环境中的工作空间，即数据输出的路径，该设置也会覆盖全局级别和工具级别的设置。

分析环境设置不容小觑，在 2.1.2 节的例子中，如果我们选择在 ArcMap 中执行，调整视图范围，同时把分析环境中的 Processing Extent 设置为了 Same as display，那么工具执行的时候就仅会处理视图范围内的数据。结果如图 2-7 右下所示，得到的结果的数量就比设置前有所减少。常用分析环境设置见表 2-3。

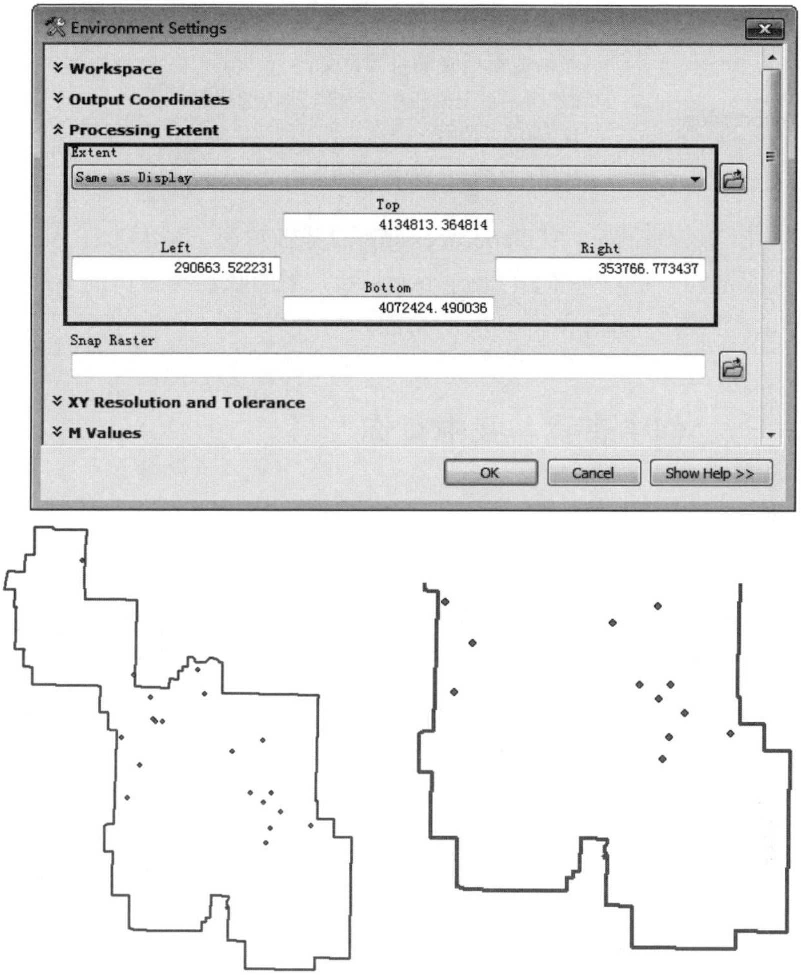

图 2-7　设置 Processing Extent

表 2-3　常用分析环境设置

分析环境	描述
Current Workspace	当前工作空间，数据输入和输出的默认存放路径
Scratch Workspace	临时工作空间，存放临时数据的位置
Output Coordinates	输出数据的坐标系统
Processing Extent	分析范围（规则矩形）
Snap Raster	栅格对准
Cell Size	像元大小，针对栅格数据
Mask	掩膜，针对栅格数据；类似分析范围，但可为不规则区域

分析环境	描述
Compression	栅格数据压缩的设置，如 LZ77——无损压缩方法，默认选项 JPEG——有损压缩 JPEG2000——小波压缩方法

之所以花这么多篇幅介绍 Geoprocessing 的基础知识，是因为在 ArcGIS 里进行数据处理或空间分析，都依赖 Geoprocessing。下面我们将要讲的 ArcPy，即是如何在 Python 中调用 Geoprocessing 的功能。

2.2 ArcPy：你中有我　我中有你

2.2.1 ArcPy 的前生今世

ArcPy 是 ArcGIS10.0 开始安装在 Python 环境中的一个站点包(Site Package)，它可以调用所有 Geoprocessing 工具，另外还包含基础的处理地理数据的方法，如各种 List（遍历）方法，以及处理地理数据的类，如 Cursor（游标）、Geometry（几何体）和若干模块：arcpy.mapping（制图模块）、arcpy.da（数据访问模块）、arcpy.sa（空间分析模块）、arcpy.na（网络分析模块）、arcpy.time（时态数据模块）。ArcPy 是一个专门进行数据处理和分析的 Python 开发包（见图 2-8）。

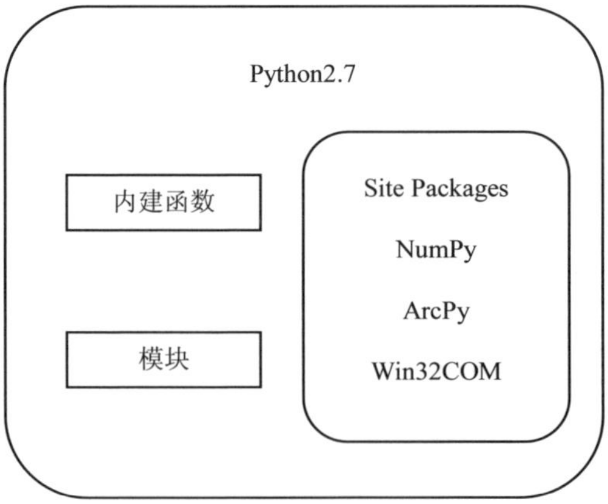

图 2-8　Python2.7 中的 ArcPy

对于 ArcGIS9.3 或之前的用户，可能对 arcgisscripting 不会陌生，ArcPy 就是 arcgisscripting 的升级版本，它的地位也从模块上升为 site package，功能上有了显著的提升。在调用的时候也发生了一些改变，我们可以通过表 2-4 来了解 Geoprocessing 脚本编写的演变过程。

表 2-4 Geoprocessing with Python 演变

	默认 Python 版本	创建 Geoprocessing 对象
ArcGIS9.0/9.1	Python2.1	import win32com.client gp=win32com.client.Dispatch （"esriGeoprocessing.GpDispatch.1"）
ArcGIS9.2	Python2.4	import arcgisscripting gp= arcgisscripting.create（）
ArcGIS9.3	Python2.5	import arcgisscripting gp= arcgisscripting.create（9.3）
ArcGIS10.0	Python2.6	import arcpy
ArcGIS10.1	Python2.7	import arcpy

在 ArcGIS 9 的时代，ArcObjects 提供了 Geoprocessor 组件，该组件包含了 ArcGIS 所有的 Geoprocessing 方法，在 9.2 帮助文档——“*About getting started with writing geoprocessing scripts*”中有详细的介绍。通过创建 Geoprocessor 对象，可以直接调用 Geoprocessing 的功能，但是 9.0 和 9.1 版本的 Geoprocessor 对象需要通过 win32com 来创建，不能实现跨平台；到了 ArcGIS 9.2 版本，采用 C/C++扩展了一个 Python 对象——arcgisscripting，这样 Python 就可以直接调用该对象，不再依赖于 ArcObjects；到了 ArcGIS10.0 版本，arcgisscripting 升级为 arcpy，支持在 Python Window 中调用，且支持 Map Algebra（地图代数），到了 ArcGIS10.1 版本，功能得到进一步增强。随着版本升级，Geoprocessing 在不断发展的同时与 Python 的结合也进一步紧密。arcgisscripting 到 arcpy，是一个质的飞跃，虽然 arcpy 可以保证向前兼容的特点，但是在旧版本脚本升级的时候还是要注意以下几个地方的变化。

（1）方法（function）调用的区别

```
##9.3 版本
import arcgisscripting
gp=arcgisscripting.create（）
```

```
gp.exist（）
##10 版本
import arcpy
arcpy.Exist（）
```

注：9.3 不区分方法的大小写，exist（）和 Exist（）没有区别，但是 10 版本要严格区分大小写。

（2）分析环境设置区别

```
##9.3 版本
import arcgisscripting
gp=arcgisscripting.create（）
gp.workspace="C:/PYData"     ##设置工作空间
gp.overwrite=1               ##输出数据可以被覆盖
##10 版本
import arcpy
arcpy.env.workspace="C:/PYData"
arcpy.env.overwriteOutput=True
```

注：10 版本把分析环境放在了 env 这个类中。

2.2.2　安装和调用

在安装 ArcGIS Desktop 的时候，会自动安装 ArcPy 包和 Python IDLE，以 ArcGIS10.1 版本为例，ArcPy 的默认路径为 C:\Program Files\ArcGIS\Desktop10.1\arcpy；Python IDLE 的默认路径为 C:\Python27\ArcGIS10.1，建议不要去修改默认的安装路径。

测试 ArcPy 是否能正常工作的方法很简单，打开 Python IDLE，在命令行中用 import 关键字导入 arcpy 包，如图 2-9 示则是正常，否则表明 Python IDLE 没有正确安装。

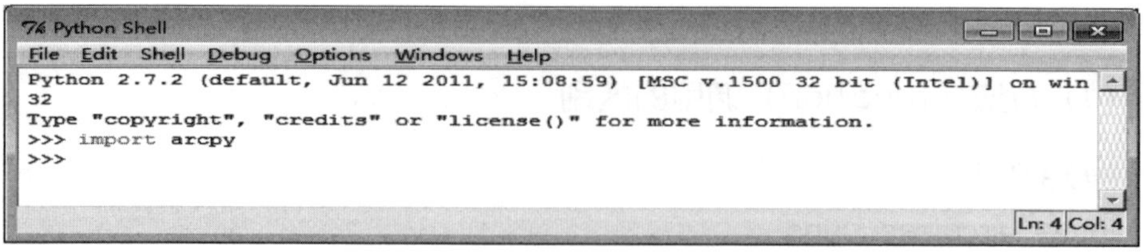

图 2-9　在 Python IDLE 中测试 ArcPy 是否正确安装

PythonWin 则不会随 ArcGIS 软件自动安装。ArcGIS Desktop10.0 安装光盘中提供了 PythonWin 的安装程序，您可以在光盘的 Desktop/PythonWin 文件夹下找到安装程序，而 ArcGIS Desktop10.1 没有提供安装程序，您可以从第 1 章介绍的地址进行下载。默认的路径还是会安装到 Python IDLE 的路径下（见图 2-10）。

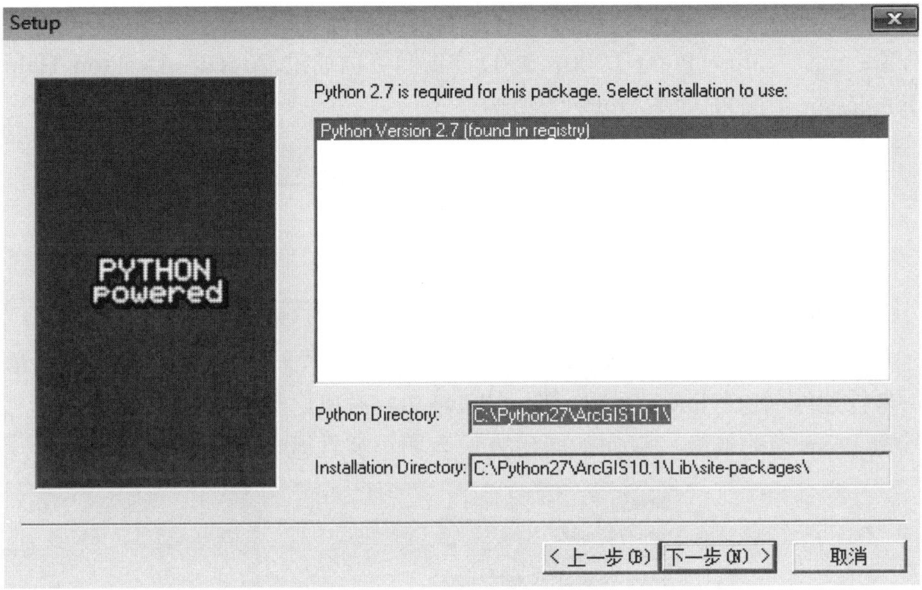

图 2-10 安装 PythonWin

C:\Python27\ArcGIS10.1\Lib\site-packages 这个路径非常重要。Python 的各种包都在该目录下，但你并不会发现 ArcPy 的身影，那 Python 如何与 ArcPy 进行通信呢？细心查找，我们会发现在该目录下会有一个叫 Desktop10.1.pth 的文件，用记事本打开可看到如下内容：

C:\Program Files\ArcGIS\Desktop10.1\bin

C:\Program Files\ArcGIS\Desktop10.1\arcpy

C:\Program Files\ArcGIS\Desktop10.1\ArcToolbox\Scripts

这三个路径就记录了 ArcPy 的位置，因此这个文件也非常重要，如果丢失了这个文件，就无法在 Python 中正常调用 ArcPy 的功能了。

2.2.3 ArcPy 结构剖析

ArcPy 作为一个站点包（site-package），包括类（Class）、函数（Function）、模块（Module）几部分。

(1) 类 (Class)

类是构成 ArcPy 的骨架，Python 是一门面向对象的语言，所谓“万事万物皆对象”，而对象则要从类的实例化而来。比如在绘制几何形状的时候，要创建 Point、Polyline 或 Polygon 对象。例如下面这行语句就创建了一个坐标为（200，250）的点对象：pnt = arcpy.Point（200，250）。我们可以通过 ArcGIS Desktop Help 或 Geoprocessor 类图来了解 ArcPy 的结构。

上图是 Point 的类图，Point 可以通过坐标来构建一个点，经常和 Array 配合使用来构建线（Polyline）对象、面（Polygon）对象。类图中的 ID，X，Y，Z，M 均是 Point 类的属性，双向的黑色方块表明该属性既可读又可写。

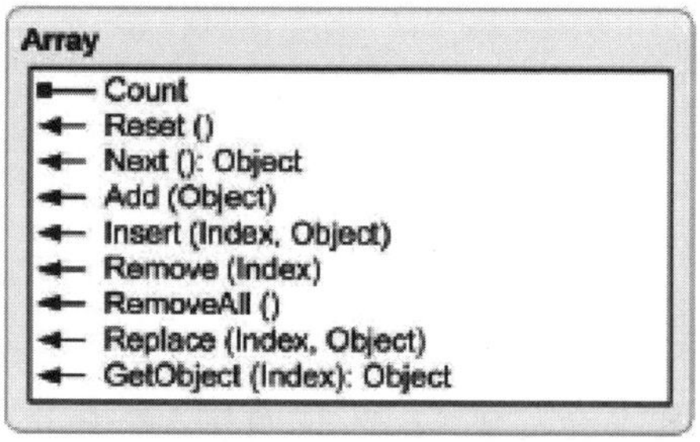

上图是 Array（数组）的类图，Array 用来构建一个有序的队列，黑色的箭头代表该类拥有的方法。可以通过 Add 和 Insert 方法向数组中添加对象，Remove 方法移除数组中的对象以及通过 Next 方法访问数组中的对象。

(2) 函数 (Function)

函数也叫方法，所有 Geoprocessing 工具都可作为 ArcPy 的方法调用，除此之外，ArcPy 还提供了一系列有用的方法，如对数据进行遍历的 ListDatasets、ListFeatureClasses、ListRasters 方法等，对记录进行查询和更新的 InsertCursor、SearchCursor、UpdateCursor 方法等。这些方法和类一起使用可以灵活地对数据进行操纵和处理，如下图所示，通过 InsertCursor、SearchCursor、UpdateCursor 方法可以获得记录（Row）对象，其中 SearchCursor 得到的是只读的 Row 对象，只能读取字段值，而 InsertCursor 和 UpdateCursor 得到的是可读写的 Row 对象，可以通过 FieldName 属性或者 GetValue/SetValue 方法读取字段值或者为字段赋值。对于 Row 对象，通过其 Shape 字段可以获取其几何体信息（返回 Geometry 对象），计算长度、面积、地理范围等。

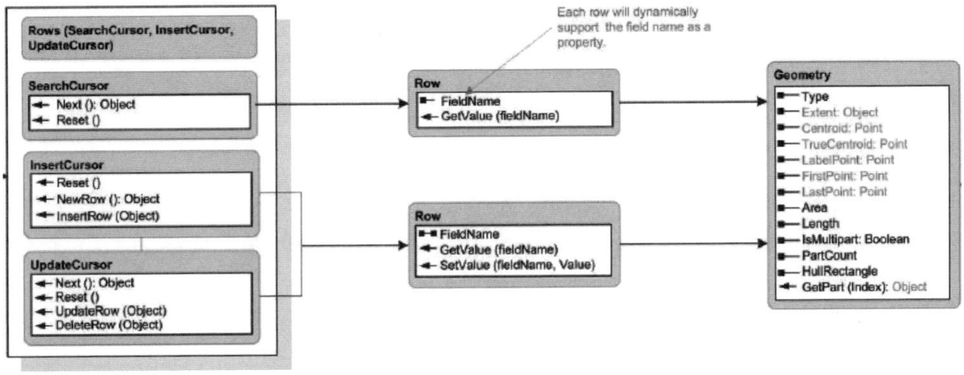

（3）模块（Module）

模块中既包含了类，也包含了一系列的函数，通过 import 关键字导入。ArcPy 中的模块主要集中了一些独立的功能，10.1 版本一共包含 5 个模块（见表 2-5）。

表 2-5 ArcPy 模块

模块名	模块描述
Mapping Module	制图模块包含了对地图文档（mxd）和图层文件（lyr）进行操纵的一系列类和函数，还可以通过数据驱动制图（data driven pages）自动生产地图集
Spatial Module	空间分析模块包含一系列类和运算符，为执行空间分析命令提供参数以及书写地图代数表达式
Network Module	网络分析模块包含一系列网络分析扩展模块中的功能，包括建立网络连通关系、执行路径分析等
Data Access Module（10.1 版本新增）	数据访问模块用于处理数据，通过它可控制和编辑会话、子类型、域、改进的游标（更快的性能）等对象
Time Module（10.1 版本新增）	时态数据模块包含了处理时间间隔和时区时需要用到的一系列类、方法以及属性

2.2.4 异常捕获

所谓异常，就是在程序非正常状态下执行中断的情况。为了增强程序的健壮性，Python 可以在程序运行发生错误的时候捕获异常，以便对错误进行精确定位，同时保证程序继续运行而不崩溃。Python 中异常捕获一般是通过 try…except 来实现。

```
try：
    #可能引发异常的代码
except Exception as e：
    #处理异常的语句
```

对于 Geoprocessing 工具执行过程中引发的异常，ArcPy 提供了捕获异常的类 ExcuteError，异常信息通过 GetMessages 函数进行打印，该函数包含 1 个参数，默认为 0。

GetMessages（0）——打印所有异常信息

GetMessages（1）——仅打印工具运行中的警告信息

GetMessages（2）——仅打印工具运行中的错误信息

```
import arcpy
in_features = "C:/base/transport.gdb/roads"
try：
    # 将输入和输出设置为一个，则 CopyFeatures 工具执行将引发异常
    arcpy.CopyFeatures_management（in_features，in_features）
except arcpy.ExecuteError：
    print arcpy.GetMessages（）
```

2.2.5 小试牛刀——关联空间信息与属性信息

我们工作中经常会遇到的一个场景就是，拿到的地理数据中并不包含业务属性信息，这样就无法把业务属性信息直接展示在地图上，如柱状图、饼图等专题地图。要解决这个问题，就需要想办法把二者关联起来。通常我们使用的方法是找到地理数据和业务数据中共同拥有的一个属性字段（字段名称可以不同，但字段类型必须一致，通过字段值进行匹配）。下面这个例子中，我们有两份数据，一份是东北三省的行政边界地理数据，只有几何信息和一个 NAME 属性字段（存储了各省的省名）；另一份是东北三省 GDP 产值的表格，包含每个省的名称以及对

应的第一产业、第二产业、第三产业年产值（存储为 Excel 亦可）。我们的目标是把第一产业、第二产业、第三产业的字段关联到行政边界地理数据上，以便将来在 ArcMap 中制作专题地图。

完整代码如下：

```
import arcpy
arcpy.env.workspace="C:\PYDATA\Database\China.gdb"
##要关联的目标地理数据
infea="Province"
##要关联的目标地理数据
joinfield="NAME"
##关联的 GDP 表格
intab="GDP"
try：
    ##调用 Data Management 工具箱下的 JoinField 工具
    arcpy.JoinField_management（infea，joinfield，intab，joinfield）
except Exception as e：
    ##异常捕获
print e
```

结果如图 2-11 所示，两张表格的字段已经被关联到了一起：

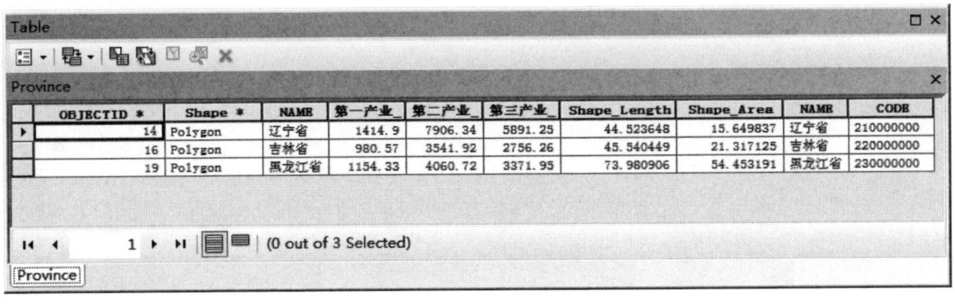
Table
Province

OBJECTID *	Shape *	NAME	第一产业_	第二产业_	第三产业_	Shape_Length	Shape_Area	NAME	CODE
14	Polygon	辽宁省	1414.9	7906.34	5891.25	44.523648	15.649837	辽宁省	210000000
16	Polygon	吉林省	980.57	3541.92	2756.26	45.540449	21.317125	吉林省	220000000
19	Polygon	黑龙江省	1154.33	4060.72	3371.95	73.980906	54.453191	黑龙江省	230000000

1 (0 out of 3 Selected)
Province

图 2-11 关联后的属性表

注：该操作会直接修改目标地理数据的表结构，会将字段追加到目标表上，因此如果在 ArcMap 或 ArcCatalog 中浏览该数据的同时运行 Python 脚本，则会因为数据锁定抛出异常。

2.3 本章小结

在本章中介绍了 Python 是如何协同 ArcGIS 进行工作的，通过 ArcPy 站点包这个中间角色，不仅可以调用 Geoprocessing 中自带的近千个工具，还可以灵活调用 ArcPy 中的类和函数，编写自己的程序来进行地理处理。也就是说，有了 ArcPy，也就囊括了 ArcGIS 中强大的 GIS 功能，再加上 Python 强大的标准库和第三方库，轻松完成各种对地理数据进行处理的任务自是不在话下。

第二部分　Python 与 ArcGIS：金风玉露相逢

这一部分内容是本书的核心，将深入介绍在 ArcGIS 中通过编写 Python 脚本来实现一系列的地理处理和分析任务。具体内容包括空间数据的格式转换和入库、空间和属性信息的查询、操纵表格、绘制几何体、栅格数据和矢量数据分析、地图渲染和批量出图以及空间统计等内容。除了各部分功能的示例代码之外，每个章节还引入了若干经典案例。这些案例均来源于笔者在教学和科研工作中接触到的行业应用，精选提炼，力求涵盖 ArcGIS 核心功能，若能融会贯通、灵活运用，对 GIS 的理解和应用自是游刃有余。

第 3 章　访问数据——读取与批处理

在数据处理工作中，经常会遇到要对大量数据进行相同操作的情况，例如对多个数据文件进行拼接、裁切或者进行数据格式转换。在 Python 遍历函数的支持下，可以帮助您一次性地完成批处理工作，并且效率要比在 ArcToolbox 中直接执行相应的工具要高得多。ArcPy 站点包涵盖了针对不同格式地理数据进行遍历的 9 种函数。面对纷繁复杂的地理数据，选择合适的遍历函数才能对症下药，这就需要对地理数据的格式先有所了解。

3.1　了解地理数据

地理数据是使用地理信息系统的基础。地理数据作为对现实世界的表达和抽象，是表示地理位置分布特点的自然现象和社会现象的各种要素文件，包括各种自然地理数据和社会经济数据，例如土地覆盖类型数据、地貌数据、土壤数据、水文数据、植被数据、居民地数据、河流数据、行政境界及社会经济方面的数据等。地理数据的来源多样，既可以是传统的纸质地图，也可以是遥感数据，或者 GPS 定位数据，各种统计数据以及基于位置的社交网络数据等，琳琅满目的地理数据可以帮助我们更好地认识世界，对各种空间现象进行模拟和分析。尽管不同的地理信息软件有各自定义的地理数据格式，但根据其在计算机中存储方式的不同可以分为矢量数据和栅格数据两大类。

3.1.1　矢量数据

矢量数据是用点、线、面来对地理对象进行抽象，适宜于表达离散分布的地理对象，例如用点来表示车站、飞机场，用线来表示河流、道路，用面来表示地块、房屋等。矢量数据是通过记录地理实体坐标的方式，精确地表示其空间位置和形状。对于点实体，存储其（X，Y）坐标或（X，Y，Z）坐标；对于线实体，存储线上各个节点坐标的有序集合；对于面实体，存储的则是首尾闭合的各个节点坐标的有序集合（见图 3-1）。

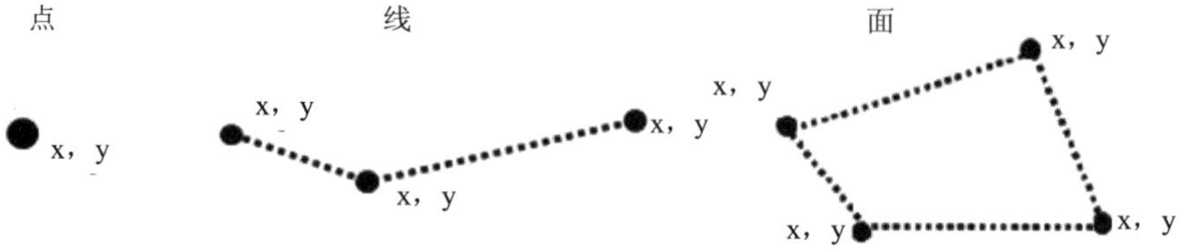

图 3-1　矢量数据存储

矢量数据中除了记录空间信息以外，也可以存储属性信息，采用表格进行管理。以 ArcGIS 的矢量数据格式为例，一个点、线或面实体对应表格中的一行记录，空间信息封装在 Shape 字段中，用户可以自己添加其他属性字段以存储相关信息（见图 3-2）。

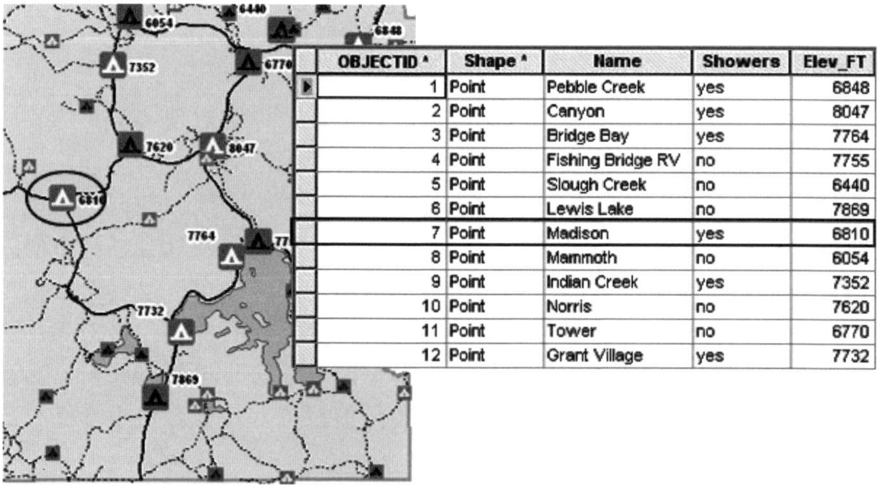

图 3-2　空间信息和属性信息对应关系

矢量数据的优点是表达精确，存储量小，基于矢量数据可以进行大量的空间分析工作，例如缓冲区分析、叠加分析和统计分析等。关于矢量数据的分析操作详见本书第 5 章。

3.1.2　栅格数据

栅格数据适宜表达连续分布的地理现象，栅格数据的结构是像元阵列，即像元按矩阵形式的集合。栅格中的每个像元是栅格数据中最基本的信息存储单元，其坐标位置可以用行号和列号确定。由于栅格数据是按照一定的规则排列的，所以其表示的实体的空间位置关系隐含在行号、列号之中，网格中每个元素的代码代表了实体的属性或属性编码。点实体在栅格数据中表示为一个像元，线实体则表示为在一定方向上连接成串的相邻像元几何，面实体由聚集在一起的相邻像元集合表示。

栅格的像元值通常是某一地理现象或地物的概括，如：有些栅格数据中，像元值记录的是某种地理现象（高程、气温、降雨量等）的值，在有些栅格数据中，像元记录的是土地类型（土壤类型、植被类型等）（见图 3-3）。

栅格数据表达信息的详细程度取决于像元格的大小，即栅格分辨率，分辨率越高的栅格数据表达的信息就越精细。栅格数据的意义并非只是为了显示，基于栅格数据也可以派生出其他很多数据，例如基于高程数据生成坡度、坡向，进行用地适宜性分析等。关于栅格数据的分析详见本书第 6 章。

图 3-3　栅格数据

3.1.3　常用数据格式

矢量和栅格是两类不同的地理数据模型，不同的地理信息系统软件会定义自己的地理数据格式来实现这两类模型，例如使用 MapInfo 的用户会熟悉 mid、mif 以及 tab 格式，ArcGIS 除了自定义的 Coverage、Shapefile、Geodatabase 等格式之外，还支持多达 70 多种数据格式的显示以及转换。表 3-1 中列出了常见的几种数据格式。

表 3-1 常用数据格式介绍

数据格式	特点	图标
CAD	AutoCAD 软件格式，存储矢量数据，常见文件格式有.DWG，.DXF，.DGN； 采用绘图图层和样式来管理数据，物理特性相近的对象可组织在同一个绘图图层中，用 layer 进行标识，每个 layer 中的对象用显示效果相同的样式来表达（例如颜色、字体、线型等）； CAD 文件中包含坐标信息，但不包含属性信息	 Parcels.dwg
Coverage	是 ARC/INFO Workstation 软件原生的数据格式，存储矢量数据，包括点、线、面； Coverage 可以存储空间数据与属性数据，空间数据存储在二进制索引文件中，属性数据存储在表格中，表格记录数与二进制文件中要素数目相同，二者采用唯一 ID 标识进行关联； Coverage 存储要素间的拓扑关系，例如哪些线是相连通的，哪些多边形是相邻接的等	 states
Shapefile	Shapefile 是 ArcView GIS 3.x 的原生数据格式，存储矢量数据，包括点、线、面； Shapefile 不能存储拓扑信息，空间信息和属性信息分离存储。 Shapefile 有三个基本文件，每个 shapefile 都至少由这三个文件组成，包括： *.shp——存储几何要素的空间信息，即坐标信息 *.dbf——存储地理数据属性信息的 dBase 表 *.shx——记录空间信息和属性信息的关联信息 其他文件包括： *.prj——坐标系统信息 *.sbn&*.sbx——空间索引信息 *.shp.xml——元数据信息	 roads.shp
Grid	Grid 格式是 ArcGIS 原生的栅格数据存储格式，由一系列文件，如 BND，HDR，STA，VAT 组成，Grid 是 ArcGIS 空间分析扩展模块默认的输出格式	 dem30
Geodatabase	Geodatabase 是 ArcGIS 8 开始推出的新型数据存储格式，可同时存储矢量数据，栅格数据以及表格数据等； Geodatabase 数据格式根据存储形式又可分为三种类型：Personal Geodatabase，File Geodatabase 和 ArcSDE Geodatabase。其中，Personal Geodatabase 和 File Geodatabase 可以在 ArcGIS Desktop 中直接创建并读取。ArcSDE Geodatabase 主要针对企业级应用，它是在大型关系数据库的基础上，通过中间件 ArcSDE 创建并读取数据；	 China.mdb

数据格式	特点	图标
Geodatabase	Geodatabase 中可以存储的对象包括： Feature Class——要素类，包括矢量的点、线、面、注记等； Feature Dataset——要素数据集，Feature Class 的集合，用于创建网络、拓扑； Raster Dataset——栅格数据集； Raster Catalog——栅格目录表； Mosaic Dataset——镶嵌数据集； Topology——拓扑，用于进行空间信息检查； Network Dataset——网络数据集； Geometry Network——几何网络； Relationship Class——关联类； Table——无空间信息的表格	
KML，KMZ	KML（Keyhole Markup Language）及 KMZ（KML 的压缩格式）是一种基于 XML 语法与格式的，用于描述和保存地理信息的编码规范，可以被 Google Earth 和 Google Maps 识别并显示	

3.2 List 遍历函数：找到我要的类型

List 函数是具有遍历功能的函数的统称，这类函数可以在指定的存储位置找出指定的数据类型，将数据名称以列表的形式返回，从而进一步交给 Geoprocessing 工具去处理。例如要对位于不同文件夹中的 Shapefile 进行裁切处理，可以选用 ListFeatureClasses 函数要对各个文件夹进行遍历，找到是 Shapefile 格式的数据。因此，在选择具体的 List 函数之前，首先要确认需要寻找的数据类型是什么，表 3-2 列出了 ArcPy 站点包中提供的所有 List 函数和对应的数据类型。

表 3-2　ArcPy 中的遍历函数

函数	说明
ListWorkspaces（{wild_card}，{workspace_type}）	遍历得到工作空间的集合，工作空间指文件夹、Coverage 数据集、Access 数据库、SDE 数据库等
ListFields（dataset，{wild_card}，{field_type}）	遍历得到属性表中的字段的集合
ListIndexes（dataset，{wild_card}）	遍历得到指定数据集中属性索引的集合
ListDatasets（{wild_card}，{feature_type}）	遍历得到各种数据集的集合，如 Coverage，

函数	说明
	RasterCatalog，CAD，TIN，Topology 等
ListFeatureClasses（{wild_card}，{feature_type}，{feature_dataset}）	遍历得到各种要素类的集合，如 Shapefile，Geodatabase 中的点、线、面、注记要素类
ListFiles（{wild_card}）	遍历得到某个工作空间中所有文件的集合，可指定文件的类型，如.csv，.txt 等
ListRasters（{wild_card}，{raster_type}）	遍历得到各种栅格数据的集合，如 TIFF，BIL，BIP，BSQ，BMP，IMG 等
ListTables（{wild_card}，{table_type}）	遍历得到表格的集合，如 Dbase，INFO 表等
ListVersions（sde_workspace）	遍历得到指定 SDE 数据库的所有版本的集合

每个函数的参数中包括必填参数和可选参数（大括号内的参数）两部分，例如对要素类进行遍历的函数：

ListFeatureClasses（{wild_card}，{feature_type}，{feature_dataset}）

该函数包括三个参数，都是可选参数。{wild_card}参数表示字符的匹配，如需找到以字母 A 开头的要素类，可将该参数指定为 A*；{feature_type}参数可指定需要遍历的要素类的类型，例如点、线、面等简单要素类，或者网络边和节点等复杂要素类；{feature_dataset}参数为某个要素数据集名称，如指定该参数，则只会遍历得到该要素数据集下的要素类，如不指定该参数，则遍历得到是工作空间下的所有独立要素类。

讲到这里，细心的读者可能也会发现，怎么没有参数用来指定所遍历数据的存放位置呢？这是因为在 2.1.4 节中讲到的分析环境里的工作空间（arcpy.env.workspace）就已经告诉了 List 函数所能够进行工作的位置了。下面这段代码演示了如何获取某个 Geodatabase 数据库下所有要素类的名称。

```
import arcpy
arcpy.env.workspace=r"C:\PYDATA\Database\Zion.gdb"
fcList=arcpy.ListFeatureClasses（）
# 打印出要素类的名字
for fc in fcList：
    print "Feature class name："+fc

#输出结果#
Feature class name：Tracts
Feature class name：Trails
```

Feature class name：Roads
Feature class name：Park_boundary
Feature class name：Streamsf

3.3　Describe 函数：告诉我你是谁

List 函数得到的结果仅仅是数据的名称，如果进一步配合使用 Describe 函数将会得到一个 Describe 对象，这个对象包含了不同类型数据所拥有的属性，例如数据集（Dataset）的属性具备空间范围（Extent）和空间参考信息（Spatial Reference），而没有空间信息的表格（Table）就不具备这些属性，对于栅格数据集（RasterDataset）则可以获取其压缩类型。Describe 对象的属性是按组来管理的，也就是说一个对象除了具备自身的属性外，还会具备在同一组中的其他对象的属性，例如对一个要素类（Feature Class）进行描述后，不仅能够获得 Feature Class 属性，还会同时拥有 Dataset 和 Table 的属性。通过获取这些属性信息，可以让我们全面地了解该数据，同时也是获取某些工具参数的途径（见图 3-4）。

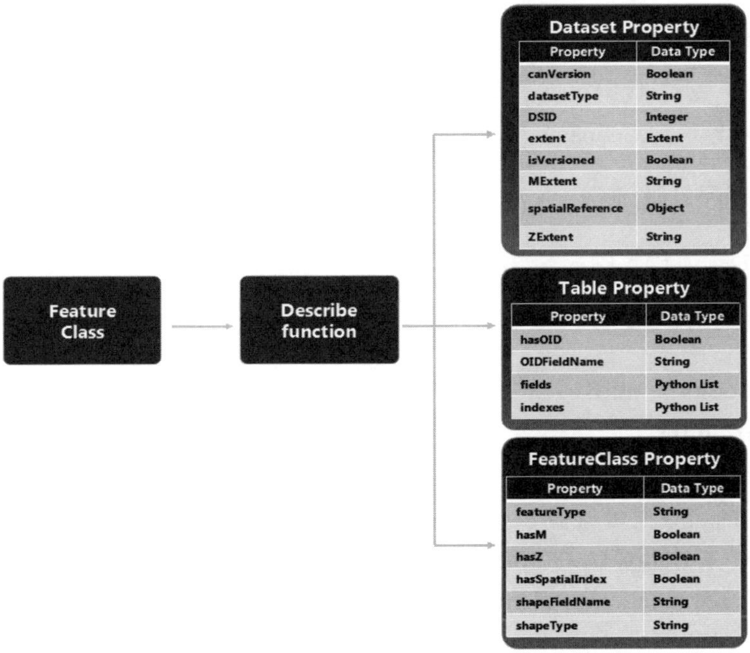

图 3-4　通过 Describe 函数获得要素类的属性信息

获得某个要素类的数据类型、几何类型以及空间参考信息

```
import arcpy
desc = arcpy.Describe（r"C:\PYDATA\Database\Zion.gdb\Springs"）
# 打印出要素类的属性信息
print "Feature Type：" + desc.featureType
print "Shape Type：" + desc.shapeType
print "Spatial Reference is：" + desc.spatialReference.name
#输出结果#
Feature Type：Simple
Shape Type：Point
Spatial Reference is：NAD_1983_UTM_Zone_12N
```

案例 1　中国各行政区 Shapefile 数据拼接入库

一、问题描述

实现批量数据格式转换，并将多个数据进行合并。数据位于 PYDATA\ Database\ CHINA 文件夹下，代码实现了将中国各个省级行政单元的 Shapefile 格式的数据①通过格式转换导入到 Geodatabase 中，同时进行拼接，生成一张完整的中国地图。

二、程序处理流程

程序处理流程见图 3-5。

三、完整代码：

```
# -*- coding：utf-8 -*-
import arcpy
import os
#设置同名数据可覆盖
arcpy.env.overwriteOutput=True
#设置工作空间
```

① 使用数据为国家基础地理信息系统 1:400 万数据。

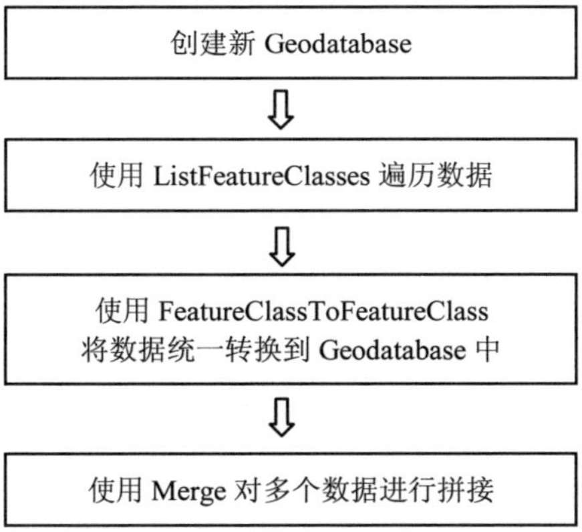

图 3-5 程序处理流程

```
ws=arcpy.env.workspace = r"C:\PYDATA\Database\CHINA"
#如果输出的数据库不存在，创建 Geodatabase 数据库
new_gdb = r"C:\PYDATA\result\China.gdb"
if not arcpy.Exists（new_gdb）：
    arcpy.CreateFileGDB_management（os.path.dirname（new_gdb），
os.path. basename（new_gdb））
#遍历工作空间目录下的所有要素类，存储为列表
listFC = arcpy.ListFeatureClasses（"*"，"All"）
#读取列表中的要素类
for fc in listFC：
    #利用 Describe 判断数据是否为 Shapefile 格式，如果是 Shapefile 格式则需要
    #在转换为 Geodatabase 要素类时把后缀.shp 去掉
    des = arcpy.Describe（fc）
    if des.DataType == "ShapeFile"：
        fc_new = fc[：-4]
    else：
        fc_new = fc
    #格式转换
    arcpy.FeatureClassToFeatureClass_conversion（fc，new_gdb，fc_new）
#拼接为一个完整的中国数据
arcpy.Merge_management（listFC，new_gdb+"\CHINA"）
```

案例 2　批处理裁切

一、问题描述

对多个矢量数据按照空间范围进行批量裁切，数据位于 PYDATA\Database\Zion.gdb 数据库中，按照 Park_boundary（锡安国家公园范围）进行批量裁切，需要裁切的要素类包括 Springs、Roads、Streams、Trails、Tracts（见图 3-7）。

二、程序处理流程

程序处理流程见图 3-6。

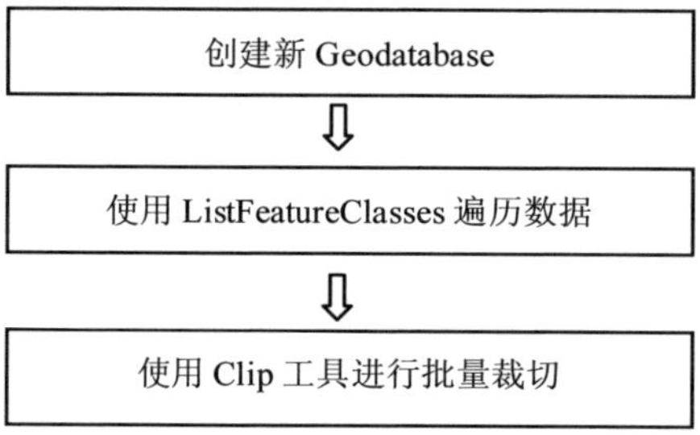

图 3-6　程序处理流程

三、完整代码

```
# -*- coding：utf-8 -*-
import arcpy
import os
#设置同名数据可覆盖
arcpy.env.overwriteOutput=True
#设置工作空间
ws=arcpy.env.workspace = r"C:\PYDATA\Database\Zion.gdb"
#如果输出的数据库不存在，创建 Geodatabase 数据库
new_gdb=r"C:\PYDATA\result\ZionClip.gdb"
if not arcpy.Exists（new_gdb）：
```

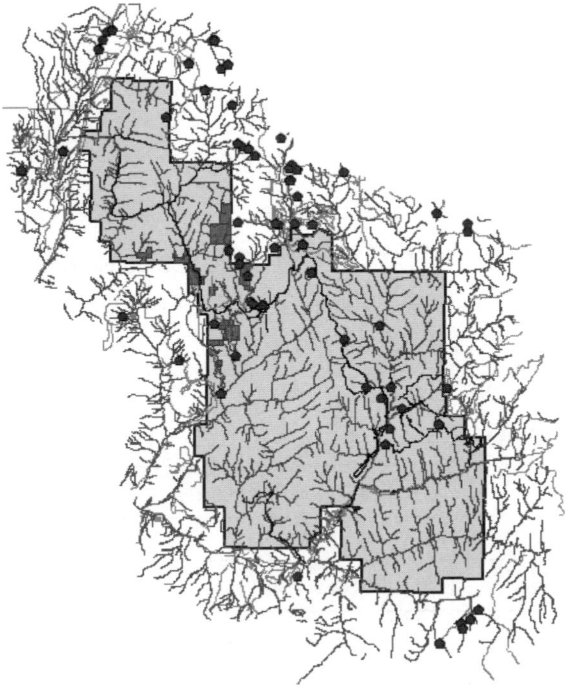

图 3-7 提取锡安国家公园范围内（框线内）的各要素类

```
    arcpy.CreateFileGDB_management（os.path.dirname（new_gdb），
os.path. basename（new_gdb））
  #遍历工作空间目录下的所有要素类，存储为列表
  listFC = arcpy.ListFeatureClasses（"*"，"All"）
  for fc in listFC：
      #如果是边界数据不进行裁切数据
      if（fc=="Park_boundary"）：
          print "it is boundary"
  else：
      #裁切后的数据名加上_clip
          new_name=fc+"_clip"
          #用 os.path.sep 即\将路径和数据名称连接
          output=new_gdb+os.path.sep+new_name
          arcpy.Clip_analysis（fc，"Park_boundary"，output）
```

案例 3　KMZ/KML 数据批量入库

一、问题描述

实现 KMZ/KML 格式的转换，将 PYDATA \Database\KML 文件夹下的所有 Google Earth 地标文件[①]进行转换，生成 ArcGIS 支持的 Geodatabase 格式。

二、程序处理流程

程序处理流程见图 3-8。

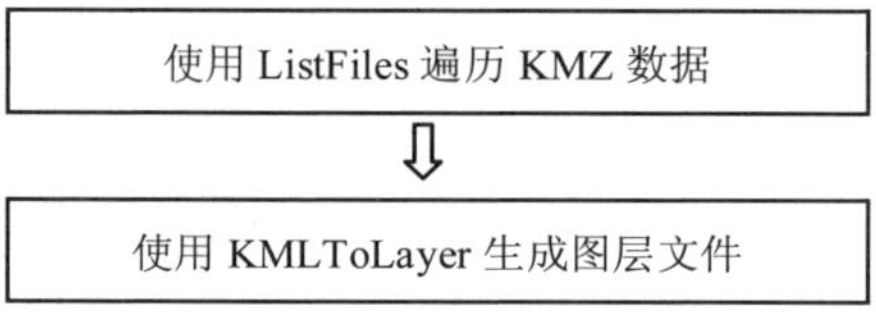

图 3-8　程序处理流程

三、完整代码

```
# -*- coding：utf-8 -*-
import arcpy
#设置同名数据可覆盖
arcpy.env.overwriteOutput=True
ws=arcpy.env.workspace = r"C:\PYDATA\Database\KML"
outpath= r"C:\PYDATA\result"
#遍历 KMZ 文件
listKMZ = arcpy.ListFiles（"*.kmz"）
for kmz in listKMZ：
print kmz
#生成图层
arcpy.KMLToLayer_conversion（kmz，outpath）
```

① Google Earth 地标文件可从 http://bbs.godeyes.cn 网站下载。

案例 4　栅格镶嵌

一、问题描述

实现若干空间上相邻的栅格数据的镶嵌，将 PYDATA \Database\DEM 文件夹下的四幅相邻地区的 DEM 数据（TIFF 格式）进行合并，拼接为一幅完整的 DEM，输出为 Geodatabase 的栅格数据集（见图 3-10）。

二、程序处理流程

程序处理流程见图 3-9。

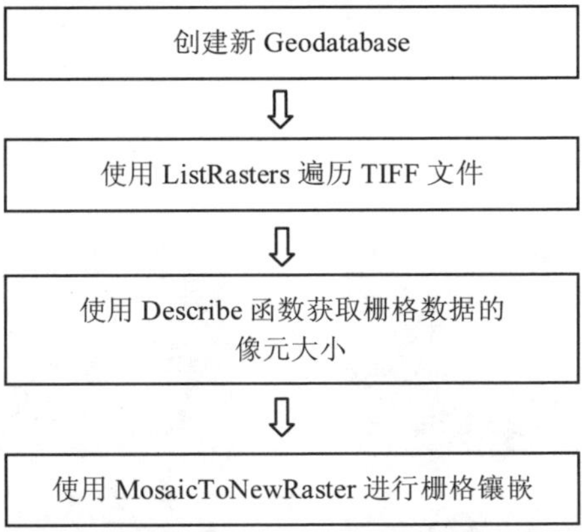

图 3-9　程序处理流程

三、完整代码

```
# -*- coding：utf-8 -*-
import arcpy
import os
#设置同名数据可覆盖
arcpy.env.overwriteOutput=True
ws=arcpy.env.workspace = r"C:\PYDATA\Database\DEM"
#如果输出的数据库不存在，创建 Geodatabase 数据库
```

```
    new_gdb = r"C:\PYDATA\result\DEM.gdb"
    if not arcpy.Exists（new_gdb）：
        arcpy.CreateFileGDB_management（os.path.dirname（new_gdb），
os.path.basename（new_gdb））
    #遍历栅格数据
    listRAS = arcpy.ListRasters（"*"，"TIF"）
    for ras in listRAS：
          print ras
          #获取像元大小
          des = arcpy.Describe（fc）
          cellsize=des.meanCellWidth
    #栅格镶嵌
    arcpy.MosaicToNewRaster_management（listRAS，new_gdb，"elevation"，
""，\
                                        "16_BIT_SIGNED"，cellsize，"1"，
"LAST"，"FIRST"）
```

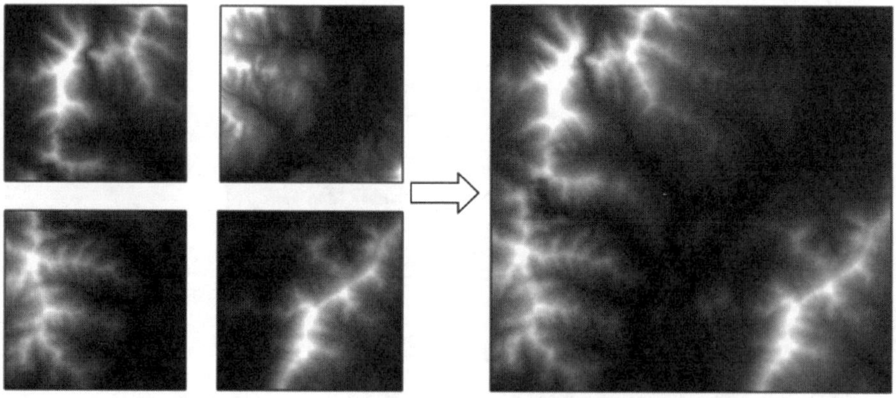

图 3-10 栅格镶嵌

3.4 本章小结

没有数据的地理信息系统就是“无源之水，无本之木”，与 GIS 相关的工作

基本都需要从数据整理、建库开始。本章主要介绍了常用地理数据格式，数据是如何进行访问以及数据库是如何创建的。ArcGIS 提供了对多种地理数据格式的支持以及格式转换功能，使用 List 函数能够获取所有指定类型的数据，进一步调用 ArcPy 中的函数进行批处理，从而大大提高工作效率。而对于数据的属性信息，则要通过 Describe 函数先获取数据对象才能够获取，同时 Describe 函数也可以帮助用户判断数据的类型。下一章会讲到数据的查询、更新等操作。

第 4 章　操纵数据——查询与更新

这一章我们将主要介绍矢量数据的查询与更新方法。查询包括属性信息查询以及空间信息查询，更新则涉及了更多关于数据的操作，例如插入或删除点、线、面对象，为属性字段赋值等。ArcPy 中的游标（Cursor）是一个对表格进行读写操作的类，提供了查询、插入、更新三种方法，利用游标对象可以灵活地操纵表格的行和列。当然，处理空间坐标的工作要稍稍复杂一些，因为还要借助于另一个对象——几何体（Geometry）。点、线、面等对象都派生自 Geometry 对象。另外，本章还会介绍一个重要的概念——空间参考，只有在空间参考框架下，坐标值才能够正确地进行定位。经过这一章节的学习，我们将会在微观层面对数据有更深入的理解。

4.1　属性与空间查询：众里寻她千百度

在解决空间问题中，我们经常要面临诸如“哪些城市的人口是大于 100 万的？”，“河流周围 1 km 内有哪些村庄？”这样的问题。所谓“众里寻她千百度，蓦然回首，那人却在灯火阑珊处”，这个找寻的过程就是执行属性查询或空间查询的过程，而要找寻的“她”也必然要符合我们设置的属性条件或空间条件。

4.1.1　属性查询

属性查询是根据属性表中某个字段或某几个字段组成的条件来进行查询，查询语句符合标准 SQL 语句的语法规则。例如下面这段代码就统计出了锡安国家公园中长度大于 3km 的河流数量。

```
import arcpy
arcpy.env.workspace =r"C:\PYDATA\Database\Zion.gdb"
try：
```

```
    arcpy.MakeFeatureLayer_management（"Streams"，"streamlyr"）
    arcpy.SelectLayerByAttribute_management（"streamlyr"，\
                        "NEW_SELECTION"，'"Shape_length" > 3000'）
    matchcount = arcpy.GetCount_management（"streamlyr"）.getOutput（0）
    print "The Match Stream Number is："+matchcount
except Exception as e：
    print e.message
```

#输出结果#

The Match Stream Number is：83

上面这段代码所做的工作，是在内存中产生了一个有选择集的图层，进一步将选择集中的数量进行统计。其核心查询语句为：

SelectLayerByAttribute_management（in_layer_or_view，{selection_type}，{where_clause}），参数含义如表 4-1 所示：

表 4-1　属性查询的函数参数列表

数据格式	示例
in_layer_or_view	输入的图层
selection_type	查询类型，包括： NEW_SELECTION——产生新的选择集，默认选择 ADD_TO_SELECTION——添加到已有选择集 REMOVE_FROM_SELECTION——从已有选择集中移除 SUBSET_SELECTION——从已有选择集中再选择 SWITCH_SELECTION——选中的将会从已有选择集中移除，其他则添加到已有选择集 CLEAR_SELECTION——清除选择集
where_clause	SQL 语句中的 WHERE 子句

（1）如何构造 SQL 表达式?

上面例子中执行查询的 WHERE 子句为"Shape_length" > 3000，完整的 SQL 表达式为：

SELECT * FROM streamlyr WHERE "Shape_length" > 3000

在 WHERE 子句中，因为我们所用的数据格式为 File Geodatabase，所以在字段 Shape_length 的两边加上了“双引号”。不同的数据格式在字段两边添加的标识符是不一样的，如表 4-2 所示。

表 4-2 不同数据格式的字段标识符

数据格式	字段标识	示 例
Shapefile File Geodatabase CAD Coverage	""	"NMAE" = 'China'
Personal Geodatabase	[]	[NAME] = 'China'
ArcSDE Geodatabase		NAME = 'China'

如果不了解数据格式而给字段加上了错误的标识符，程序必然会报错从而无法执行。那么有没有通用的方法不用去判断数据类型？答案是肯定的，这里要用到秘密武器 AddFieldDelimiters（datasource，field）。这个函数可以根据指定数据源自动给字段加上相应的标识符，这样就不用每次去查看判断数据究竟是什么格式了，例如：

```
fldName="Shape_length"
newFld = arcpy.AddFieldDelimiters（arcpy.env.workspace，fldName）
print newFld+">"+str（3000）
#输出结果#
"Shape_length" > 3000
```

（2）字符串的精确匹配与模糊匹配

当要查询的字段是文本类型时，还需要在要查询的字符串值两边加上“单引号”，例如要查询“CITY_NAME”字段中名称是 Beijing 的城市，写法如下：

"CITY_NAME" = 'Beijing'

该语句要作为函数参数时，就要采用“双引号”或“单引号”将整个表达式括起来（函数参数不区分单引号和双引号）。但是如果写成" "CITY_NAME" = 'Chicago' "，则 CITY_NAME 前的两个引号就会被识别为函数参数，这时候就要利用转义符“\”来帮忙了，正确的写法为：

```
" \"CITY_NAME\" = 'Beijing'"
' "CITY_NAME" = \'Beijing\' '
```

或者用更清晰的方式来突出 SQL 表达式，就是使用三个双引号：

""" "CITY_NAME" = 'Beijing' """

有时候查询的条件没有这么明确，就需要用到字符串的模糊匹配。字段名和匹配条件用 LIKE 进行连接。例如要查找出以 B 开头的所有城市，可以使用“%”通配符：

"CITY_NAME" LIKE 'B%'

%通配符不限制字符个数，如果仅匹配一个字符，可以用“_”表示，例如：

"OWNER_NAME" LIKE '_atherine'

有些特殊情况中，我们不希望表达式中的%被认为是通配符，例如字段值本身就包含百分号，而我们正是希望把只包含 10%的字符串查询出来，那么要用到 ESCAPE 关键字。例如下面语句里的 ESCAPE '$'含义为'$'后面的%不能被看做通配符，而是实际查询表达式的一部分。

"AMOUNT" LIKE '%10$%%' ESCAPE '$'

CAST 可以进行强制字段类型转换，例如，对于某个数值型字段也希望采取类似的字符串匹配方法，把数值型字段 NUM 里以 8 开头的值全部查询出来，写法如下：

CAST（"NUM" AS CHAR（10）） LIKE '8%'

4.1.2 空间查询

与属性查询不同，空间查询不直接基于字段来进行，而是根据空间关系，例如相邻、包含、穿越等来查询，也就是说执行空间查询是建立在空间关系的规则基础上的。例如下面这段代码就统计出了锡安国家公园中距离道路 100 m 内的山泉数量。

```
import arcpy
arcpy.env.workspace =r"C:\PYDATA\Database\Zion.gdb"
arcpy.MakeFeatureLayer_management（"Springs"，"springlyr"）
arcpy.MakeFeatureLayer_management（"Roads"，"roadlyr"）
arcpy.SelectLayerByLocation_management（"springlyr"，\
                    "WITHIN_A_DISTANCE"，"roadlyr"，100）
matchcount = arcpy.GetCount_management（"springlyr"）.getOutput（0）
print "The Match Stream Number is："+matchcount
#输出结果#
The Match Stream Number is：78
```

上面一段代码中，核心的查询语句为：

SelectLayerByLocation_management （ in_layer ， {overlap_type} ，{select_features}，{search_distance}，{selection_type}）。其中第一个参数为输入的要产生选择集的图层，第二个参数为与另一个选择图层的空间叠加关系，即所要查询的空间关系类型，第三个参数为选择图层，第四个参数为搜索距离（适用于 WITHIN_A_DISTANCE 和 WITHIN_A_DISTANCE_3D 两种空间叠加关系），最后一个参数与前面介绍的属性查询的选择类型相同。对于空间查询，最重要的是空间查询关系的判断和选择，表 4-3 列出了所有空间关系类型：

表 4-3 空间关系查询类型

空间关系	说 明
INTERSECT	相交，即空间上有重合部分
INTERSECT_3D	在三维空间中，两个图层有空间重合部分
WITHIN_A_DISTANCE	距选择图层要素一定范围内，该方法需要同时指定距离参数
WITHIN_A_DISTANCE_3D	在三维空间中，距选择图层要素一定范围内，该方法需要同时指定距离参数
CONTAINS	包含选择图层要素的部分，包括在内部的情况和在边界上的情况
COMPLETELY_CONTAINS	完全包含选择图层要素的部分，只包括在内部的情况
CONTAINS_CLEMENTINI	与 CONTAINS 类似，但不包括选择图层要素正好完全在输入要素边界上的情况
WITHIN	落入选择图层要素的部分，包括在内部的情况和在边界上的情况
COMPLETELY_WITHIN	完全落入选择图层要素的部分，只包括在内部的情况
WITHIN_CLEMENTINI	与 WITHIN 类似，但不包括输入要素正好完全落在选择图层要素边界上的情况
ARE_IDENTICAL_TO	两个要素空间上完全相同
BOUNDARY_TOUCHES	如果输入图层要素的边界与选择图层要素相接触，即选中该输入要素，但不包含跨越选择要素的情况
SHARE_A_LINE_SEGMENT_WITH	具有公共边
CROSSED_BY_THE_OUTLINE_OF	选中与选择图层要素边界相交的输入要素
HAVE_THEIR_CENTER_IN	输入要素的中心落入选择要素内部，即选中该要素
CONTAINED_BY	与 WITHIN 完全相同

4.2 不可不说的 Cursor：纵横表格

到目前为止，我们掌握的都是如何对整个图层或要素类进行处理，这也是初出江湖的基本功，但如果想要修炼更深层次的内功，就需要深入到数据内部的组织结构，也就是在更细的粒度上去操纵数据背后的表格。表格既包括矢量数据的属性表，也包括无空间信息的普通表。二者的结构如图 4-1 所示，由行（记录）和列（字段）组成，行列交叉的单元格称为字段值，不同之处在于普通表没有 Shape 字段。

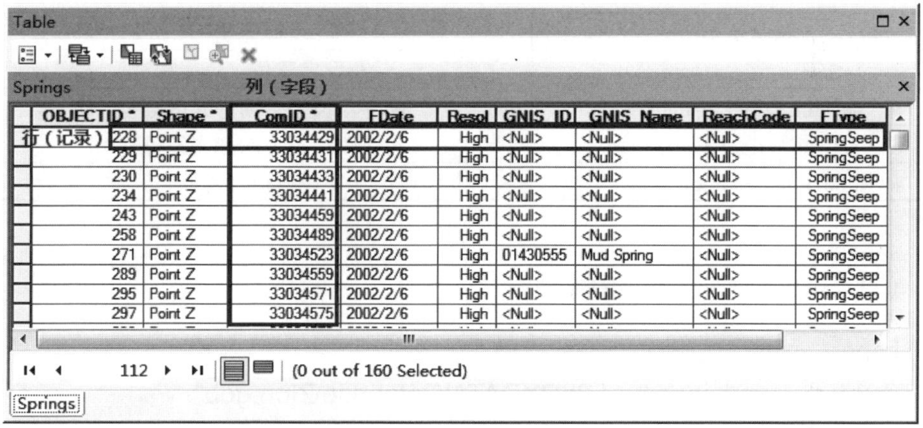

OBJECTID	Shape	ComID	FDate	Resol	GNIS_ID	GNIS_Name	ReachCode	FType
228	Point Z	33034429	2002/2/6	High	<Null>	<Null>	<Null>	SpringSeep
229	Point Z	33034431	2002/2/6	High	<Null>	<Null>	<Null>	SpringSeep
230	Point Z	33034433	2002/2/6	High	<Null>	<Null>	<Null>	SpringSeep
234	Point Z	33034441	2002/2/6	High	<Null>	<Null>	<Null>	SpringSeep
243	Point Z	33034459	2002/2/6	High	<Null>	<Null>	<Null>	SpringSeep
258	Point Z	33034489	2002/2/6	High	<Null>	<Null>	<Null>	SpringSeep
271	Point Z	33034523	2002/2/6	High	01430555	Mud Spring	<Null>	SpringSeep
289	Point Z	33034559	2002/2/6	High	<Null>	<Null>	<Null>	SpringSeep
295	Point Z	33034571	2002/2/6	High	<Null>	<Null>	<Null>	SpringSeep
297	Point Z	33034575	2002/2/6	High	<Null>	<Null>	<Null>	SpringSeep

图 4-1 表格结构

游标（Cursor）提供了对表格的行进行读取、插入、更新的方法，一共包含 SearchCursor，InsertCursor，UpdataCursor 三种类型的游标。如果执行属性查询后希望对选择集中的记录进行遍历，应当使用 SearchCursor；在表格中插入新的记录，使用 InsertCursor；更新某些字段的值或者删除记录，则要使用 UpdataCursor。不同的游标函数具有不同的方法，如表 4-4 所示。

表 4-4 不同数据格式的字段标识符

游标类型	方 法	说 明
SearchCursor	next（）	将游标位置移动到下一行
	reset（）	将游标移动到起始位置
InsertCursor	insertRow（）	向表格中插入行

游标类型	方　法	说　明
UpdataCursor	updateRow（）	更新当前行
	deleteRow（）	删除当前行
	next（）	将游标位置移动到下一行
	reset（）	将游标移动到起始位置

SearchCursor，InsertCursor，UpdataCursor 返回的均为 Row 对象。通过 Row 对象可以对所有字段进行读取和修改，包括四种方法，见表 4-5。通过 Cursor 和 Row，就可以灵活地操纵表格的行与列了。

表 4-5　Row 对象的方法列表

函数类型	说　明
getValue（field_name）	获取字段值（读操作）
isNull（field_name）	判断字段值是否为 Null（读操作）
setNull（field_name）	将字段值设为 Null（写操作）
setValue（field_name，object）	为字段赋值（写操作）

(1) SearchCursor 示例

```
import arcpy
arcpy.env.workspace =r"C:\PYDATA\Database\Zion.gdb"
fc = "Springs"
##查询 GNIS_Name 不为空的记录
where_clause=""""GNIS_Name" IS NOT NULL"""
fields = "ComID；GNIS_Name"
cursor = arcpy.SearchCursor（fc，where_clause，""，fields）
row = cursor.next（）
while row：
    print（row.getValue（"ComID"））
    print（row.getValue（"GNIS_Name"））
    row=cursor.next（）
```

(2) InsertCursor 示例

```
import arcpy
arcpy.env.workspace =r"C:\PYDATA\Database\Zion.gdb"
```

```
fc = "Springs"
##插入一行记录
cursor = arcpy.InsertCursor（fc）
row = cursor.newRow（）
row.setValue（"ComID"，"10000000"）
row.setValue（"GNIS_Name"，"new spring"）
cursor.insertRow（row）
del cursor
del row
```

（3）UpdateCursor 示例

```
import arcpy
arcpy.env.workspace =r"C:\PYDATA\Database\Zion.gdb"
fc = "Springs"
##删除 ComID 为 10000000 的记录
where_clause=""" "ComID"=10000000 """
cursor = arcpy.UpdateCursor（fc，where_clause）
row=cursor.next（）
while row：
    cursor.deleteRow（row）
    row=cursor.next（）
del cursor，row
```

（4）游标和锁定

对数据应用 UpdateCursor 或 InsertCursor 两种类型的游标时，会对数据进行锁定。ArcGIS 中有两种类型的锁：共享锁和排他锁。锁能够防止多个进程同时更改同一个表。

同一表可以存在多个共享锁，只要访问表或数据集就要应用共享锁，例如在 ArcMap 和 ArcCatalog 中同时预览要素类或表时。对表或要素类进行更改时，会产生排他锁，例如在 ArcMap 中编辑和保存要素类时，在 ArcCatalog 中更改表的结构时以及使用插入和更新两种游标时。

如果数据集上存在排他锁，则无法为表或要素类创建更新和插入游标。如果成功地创建了游标，它们将在数据集上应用排他锁，从而使两个脚本无法在同一数据集上创建更新和插入游标。因此，在游标执行完毕后必须用 Python 中的 del 语句显式地释放游标。

（5）ArcGIS 10.1 游标改进

ArcGIS 10.1 新增了一个 ArcPy.da（数据处理）模块，通过它可控制编辑会话、实现编辑操作、完成表和要素类与 NumPy 数组之间相互转换以及对版本化、复本、属性域和子类型工作流的操作。该模块还提供了对改进游标的支持，其性能要优于普通的游标（见表 4-6）。

表 4-6　Arcpy 和 ArcPy.da 中的 Cursor 区别

ArcPy	ArcPy.da
SearchCursor（dataset，{where_clause}，{spatial_reference}，{fields}，{sort_fields}）	SearchCursor（in_table，field_names，{where_clause}，{spatial_reference}，{explode_to_points}，{sql_clause}）
InsertCursor（dataset，{spatial_reference}）	InsertCursor（in_table，field_names）
UpdateCursor（dataset，{where_clause}，{spatial_reference}，{fields}，{sort_fields}）	UpdateCursor（in_table，field_names，{where_clause}，{spatial_reference}，{explode_to_points}，{sql_clause}）

4.3　玩转 Geometry：形状任你绘

矢量数据按照几何类型可以分为点、线、面，以及多部件要素（多点、多线、多面），ArcPy 站点包将其抽象成了 PointGeometry、Polyline、Polygon 以及 Multipoint 四种对象，它们全都继承自 Geometry 对象。Geometry 对象拥有长度、面积、坐标等几何属性，以及对几何体进行叠加判断操作的包含、相交、缓冲等方法（见图 4-2）。

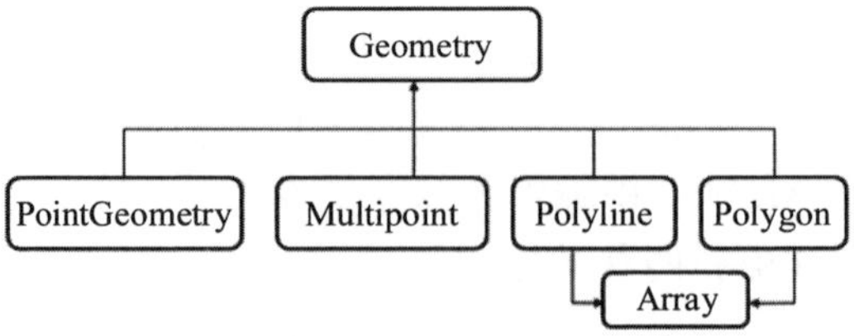

图 4-2　Geometry 类结构图

对于几何体的构建需要借助于 Point 对象，其中 Polyline 和 Polygon 都是用一系列有序的坐标串来存储，因此还要借助于 Array 数组来存储坐标序列。点、线、面的构建方法如图 4-3 所示：

```
import arcpy
point = arcpy.Point(-98.36, 101.56)
```

```
import arcpy
pnt1 = arcpy.Point(0,1)
pnt2 = arcpy.Point(1,2)
pnt3 = arcpy.Point(0,3)
array = arcpy.Array()
array.add(pnt1)
array.add(pnt2)
array.add(pnt3)
ln = arcpy.Polyline(array)
```

```
import arcpy
pnt1 = arcpy.Point(0,1)
pnt2 = arcpy.Point(1,2)
pnt3 = arcpy.Point(0,3)
array = arcpy.Array()
array.add(pnt1)
array.add(pnt2)
array.add(pnt3)
array.add(pnt1)
ply = arcpy.Polygon(array)
```

图 4-3　点、线、面的构建方法

通过 Geometry 对象构建点、线、面等实体，配合 Cursor 游标将其存储到属性表的 Shape 字段中，便可以完成新要素的创建和对已有要素空间信息的更新操作（见图 4-4）。

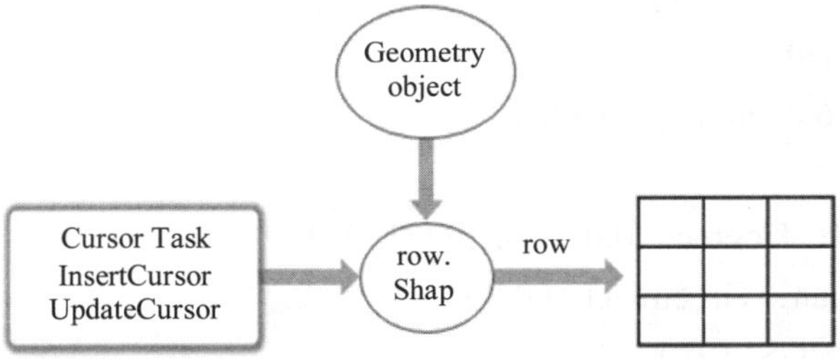

图 4-4　Geometry 与 Cursor

4.4 空间参考：我就在这里

如果仅有 Geometry 中的坐标值，还不能够将地物进行定位，因为还必须知道坐标原点、坐标单位等信息，这就是所谓的空间参考。ArcGIS 采取了坐标值与空间参考分离存储的策略。空间参考分为大地坐标系统（Geographic Coordinate System）和投影坐标系统（Projected Coordinate System）两大类。

大地坐标系统以经纬度来存储坐标，在地图上经纬线表现为等距的格网，如图 4-5 所示。

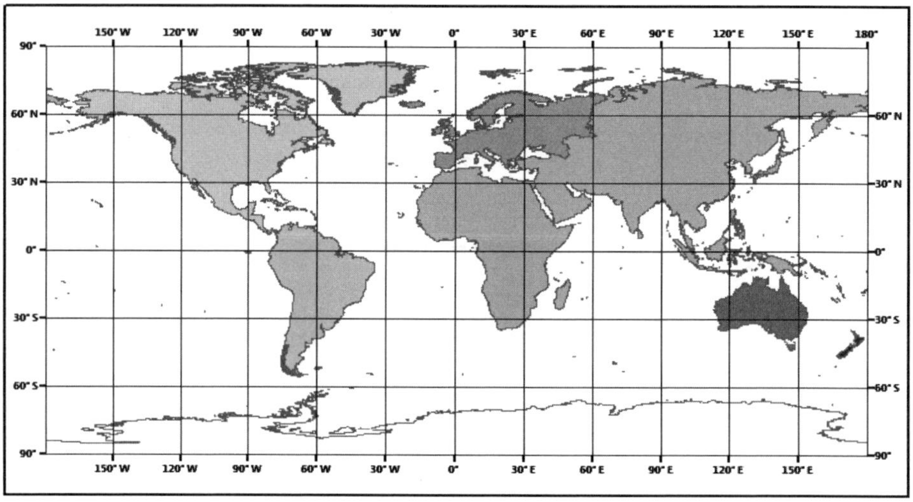

图 4-5 WGS 1984 坐标系统

下面是 ArcGIS 对一个大地坐标系统的描述，包括参考椭球体（WGS_1984）、基准面（D_WGS_1984）以及椭球长短轴、扁率等信息。

GCS_WGS_1984

WKID：4326 Authority：EPSG

Angular Unit：Degree（0.0174532925199433）

Prime Meridian：Greenwich（0.0）

Datum：D_WGS_1984

  Spheroid：WGS_1984

Semimajor Axis：6378137.0

Semiminor Axis：6356752.314245179

Inverse Flattening：298.257223563

投影坐标系统则是为了制图的需要，将三维球面投影到二维平面来显示。由于三维球面到二维平面的映射会产生角度、距离、面积的变形，因此经纬网在地图上不再表现为等距的格网，如图 4-6 所示。不同国家和地区会采用不同的投影算法，因此各个投影坐标系统的单位也各有不同，我国通常以米作为单位。

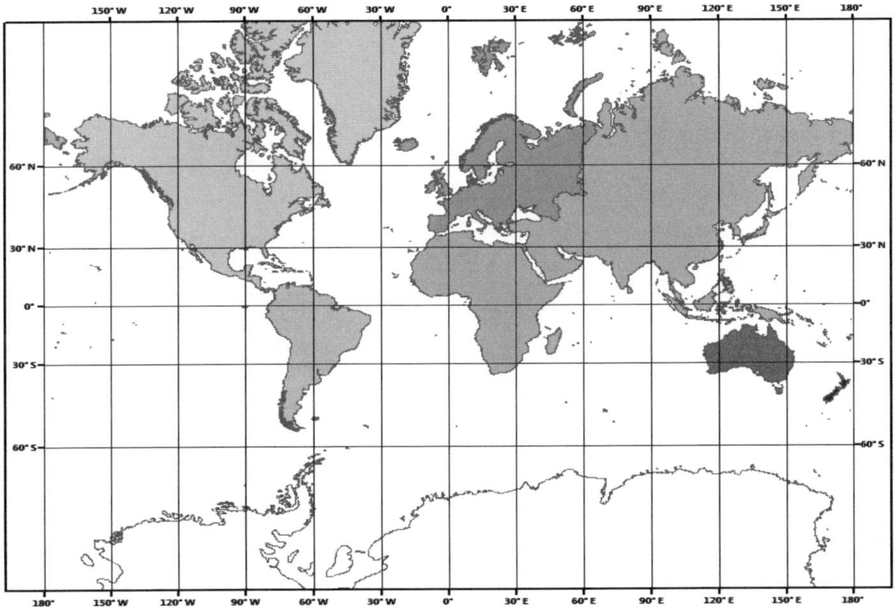

图 4-6　WGS 1984 World Mercator 坐标系统

下面是 ArcGIS 对一个投影坐标系统的描述，包括投影类型（Mercator）、单位（Meter）以及其他的一些投影参数。因为投影坐标系统都是建立在球面坐标系统基础上，所以投影坐标系统的定义中必然要包含一个大地坐标系统：

WGS_1984_World_Mercator

WKID：3395 Authority：EPSG

Projection：Mercator

False_Easting：0.0

False_Northing：0.0

Central_Meridian：0.0

Standard_Parallel_1：0.0
Linear Unit：Meter（1.0）

Geographic Coordinate System：GCS_WGS_1984
Angular Unit：Degree（0.0174532925199433）
Prime Meridian：Greenwich（0.0）
Datum：D_WGS_1984
  Spheroid：WGS_1984
    Semimajor Axis：6378137.0
    Semiminor Axis：6356752.314245179
    Inverse Flattening：298.257223563

常用坐标系统举例见表 4-7。

表 4-7 常用坐标系统举例

类别	名称	编码	参考椭球	适用范围
Geographic Coordinate System	WGS_1984	4326	WGS_1984	世界地图
	Beijing_1954	4214	Krasovsky_1940	中国全图
	Xian_1980	4610	Xian_1980	中国全图
	China_Geodetic_Coordinate_System_2000	4490	CGCS2000	中国全图
类别	名称	编码	投影	适用范围
Projected Coordinate System	Asia_North_Albers_Equal_Area_Conic	102025	Albers 投影（正轴等积割圆锥）	中国全图
	Asia_Lambert_Conformal_Conic	102012	Lambert 投影（正轴等角割圆锥）	1：100 万国家基本比例尺地形图
	Beijing_1954_GK_Zone_20N	21480	高斯克吕格投影 6 度分带	1：2.5 万~1：50 万国家基本比例尺地形图
	Beijing_1954_3_Degree_GK_CM_117E	2436	高斯克吕格投影 3 度分带	1：5 000~1：1 万国家基本比例尺地形图

获取空间参考信息有以下三种方式：

（1）由空间参考的名称获取：

sr = arcpy.SpatialReference（"Hawaii Albers Equal Area Conic"）

（2）由空间参考的编码获取：

sr = arcpy.SpatialReference（32145）

（3）由数据属性获取：

```
dataset = r" C:\PYDATA\Database\Zion.gdb\Streams"
sr = arcpy.Describe（dataset）.spatialReference
```

案例 5　复合查询

一、问题描述

如何同时使用属性查询和空间查询，分别按照属性查询和空间查询条件找出名为“North Fork Virgin River”河流 2 km 之内的 springs。所使用数据位于 PYDATA\Database\Zion.gdb 中。

二、程序处理流程

程序处理流程见图 4-7。

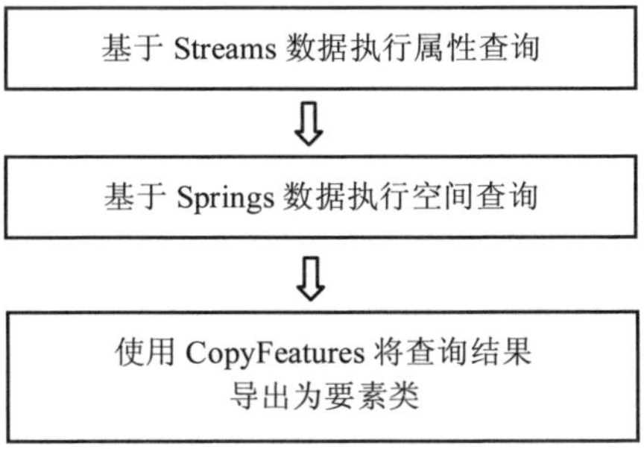

图 4-7　程序处理流程

三、完整代码

```
# -*- coding：utf-8 -*-
import arcpy
arcpy.env.overwriteOutput=True
arcpy.env.workspace=r"C:\PYDATA\Database\Zion.gdb"
outFeatureClass=r"C:\PYDATA\result\selected_spring"

##对 Streams 执行属性查询，条件为 GNIS_Name = 'North Fork Virgin River'
```

```
arcpy.MakeFeatureLayer_management（"Streams"，"streamlyr"）
arcpy.SelectLayerByAttribute_management（"streamlyr"，\
                    "NEW_SELECTION"，""" "GNIS_Name"='North Fork
Virgin River'"""）

##获取 Springs 的临时图层
arcpy.MakeFeatureLayer_management（"Springs"，"springslyr"）
##对 Springs 执行空间查询
arcpy.SelectLayerByLocation_management（"springslyr"，\
                    "WITHIN_A_DISTANCE"，"streamlyr"，2000）

##输出查询结果
arcpy.CopyFeatures_management（"springslyr"，outFeatureClass）

##将查询结果打印到控制台
cur=arcpy.SearchCursor（"springslyr"）
for row in cur：
print row.ComID
```

案例 6　生成地名数据库

一、问题描述

由表格文件中的坐标信息生成矢量的点数据，案例使用数据为 PYDATA\Database\CHINA 文件夹中的 city.csv，该表格中存储了地名信息以及经纬度坐标信息。

二、程序处理流程

程序处理流程见图 4-8。

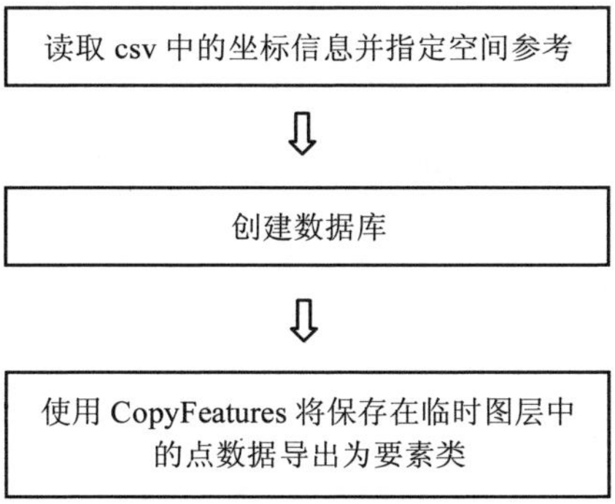

图 4-8　程序处理流程

三、完整代码

```
# -*- coding：utf-8 -*-
import arcpy
import os
arcpy.env.workspace=r"C:\PYDATA\Database\CHINA"
in_Table = "city.csv"
#指定表格中存储 X 坐标和 Y 坐标的字段
x_coords = "POINT_X"
y_coords = "POINT_Y"
out_Layer = "citylayer"

# 指定空间参考为 WGS1984
spRef =arcpy.SpatialReference（4326）

# 生成临时图层
arcpy.MakeXYEventLayer_management（in_Table，x_coords，y_coords，
out_Layer，spRef）
#创建数据库
new_gdb=r"C:\PYDATA\result\Miscellaneous.gdb"
if not arcpy.Exists（new_gdb）：
    arcpy.CreateFileGDB_management（os.path.dirname（new_gdb），\
                                   os.path.basename（new_gdb））
```

```
new_fc=new_gdb+"\city"
#将临时图层中的记录导出到数据库的要素类中
arcpy.CopyFeatures_management（out_Layer，new_fc）
```

案例 7　矿权坐标构建面

一、问题描述

将国土资源部网站发布的矿权坐标信息进行采集，基于各拐点的坐标值自动生成矢量面要素。案例使用的样例数据为 PYDATA\Database\Miscellaneous 文件夹中的 coordinate.dbf。

二、程序处理流程

程序处理流程图 4-9。

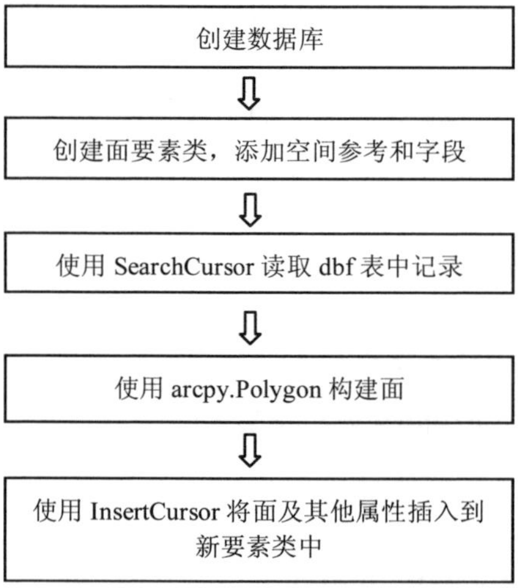

图 4-9　程序处理流程

三、完整代码

```
# -*- coding：utf-8 -*-
import arcpy
```

```
import os
arcpy.env.overwriteOutput = True
arcpy.env.workspace=r"C:\PYDATA\Database\Miscellaneous"

in_table="coordinate.dbf"
#如果输出的数据库不存在，创建 Geodatabase 数据库
new_gdb=r"C:\PYDATA\result\Miscellaneous.gdb"
if not arcpy.Exists（new_gdb）:
    arcpy.CreateFileGDB_management（os.path.dirname（new_gdb），\
                                    os.path.basename（new_gdb））
new_fc="MinePoly"

try:
    #读取 dbf 中的所有字段
    fields = arcpy.ListFields（in_table）
    #指定空间参考为 WGS1984
    spRef =arcpy.SpatialReference（4326）
    #创建新要素类
    fc=arcpy.CreateFeatureclass_management （ new_gdb ， new_fc ，
"POLYGON"，""，""，""，spRef）
    for field in fields:
        #为要素类添加属性字段
        if（field.name<>"OID"）&（field.name<>"COORDINATE"）:
            arcpy.AddField_management（fc，field.name，field.type）
        rows = arcpy.SearchCursor（in_table）
        point = arcpy.Point（）
        array = arcpy.Array（）
        cur=arcpy.InsertCursor（fc）
        for row in rows:
            feat=cur.newRow（）
            for field in fields:
                if field.name=="OID":
                    print "This is system field"
```

```
                    elif field.name=="COORDINATE":
                    #读取 dbf 中的坐标串
                        ss=str（row.getValue（field.name））
                        arr=ss.split（）
                        for i in range（0，len（arr），2）:
                            point.X = arr[i]
                            point.Y = arr[i+1]
                            array.add（point）
                        #创建面要素
                        polygon = arcpy.Polygon（array）
                        feat.shape = polygon
                        array.removeAll（）
                    else:
                        #读取其他字段的值
                        s=row.getValue（field.name）
                        ns=s.encode（"gb2312"）
                        feat.setValue（field.name，ns）
                #写入新要素类
                cur.insertRow（feat）
            del row，cur

except:
    arcpy.GetMessage（0）
```

案例 8　投影面积如何算

一、问题描述

将 PYDATA\Database\China.gdb 下的东北三省的数据（WGS 1984 坐标系统）动态投影到 Albers 投影坐标系统，并计算其面积。

二、程序处理流程

程序处理流程见图 4-10。

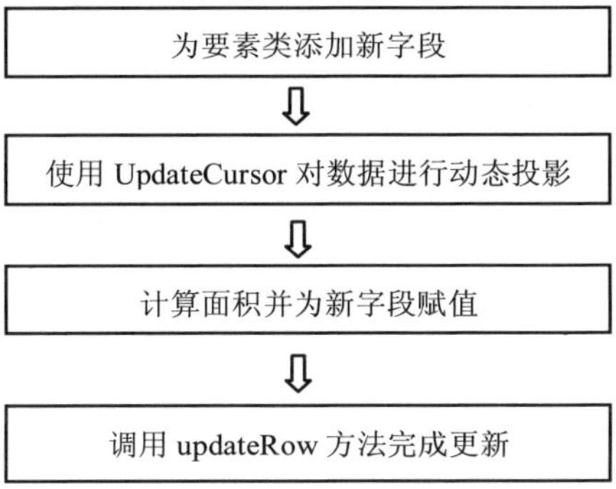

图 4-10　程序处理流程

三、完整代码

```
# -*- coding：utf-8 -*-
import arcpy
input=r"C:\PYDATA\Database\China.gdb\province"
new_field="Squarekm"
#添加新字段
arcpy.AddField_management（input，new_field，"DOUBLE"）
#使用 Albers 投影
spRef=arcpy.SpatialReference（102025）
rows=arcpy.UpdateCursor（input，""，spRef）
#计算面积并为 Squarekm 字段赋值
for row in rows：
    area=row.shape.area/1000000
    row.setValue（new_field，area）
    rows.updateRow（row）
del row，rows
```

4.5 本章小结

本章全面介绍了数据查询、更新以及创建的方法。本章的一个重点是 Cursor 和 Geometry 的使用，配合空间参考，就完整掌握了对矢量数据空间信息和属性信息的操作。下一章将会详细介绍矢量数据的空间分析。

第 5 章　矢量数据分析

矢量数据分析是针对点、线、面数据的分析操作，主要包括提取分析、叠加分析、邻近性分析等，因为矢量数据能够存储丰富的属性信息，因此还可以进行基于属性的各种统计分析。在分析过程中，不仅会涉及单个图层的操作，还会涉及多个图层的操作。由于矢量数据几何信息存储的复杂性，其分析的效率往往不如栅格数据。但由于矢量数据中存储大量属性信息，有助于提取新规则，发现新知识，解决各种空间问题，是栅格数据无法比拟的。本章主要介绍矢量数据常见的分析操作算法，并结合地类图斑整理、犯罪分析以及流行病分析三个实例，展示如何灵活运用不同类型的矢量数据来解决地理问题。

5.1　提取分析

提取（Extract）分析主要是按照空间条件或属性条件，对要素类或表格中的部分内容进行提取。提取分析不改变输入数据的属性信息结构，只是将提取出来的部分内容输出为新的要素类或表格。提取分析操作主要有裁切（Clip）、分割（Split）和属性选择（针对要素类的 Select 和针对表格的 Table Select）。

5.1.1　裁切

裁剪操作适用于点、线、面数据，按照指定的裁切区域将输入数据中与裁剪要素类重合的部分提取出来，生成新的要素类（见图 5-1）。最常见的应用是按照某个研究区域找出其他数据落在该范围内的部分。裁剪后输入数据的空间范围会发生变化，但属性信息结构不发生变化。

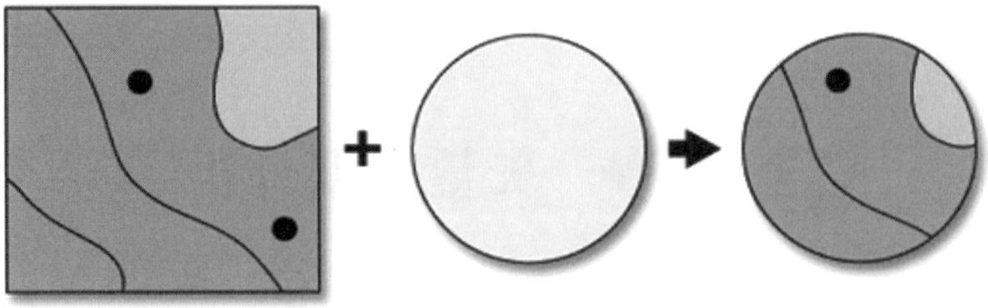

图 5-1 裁切操作

5.1.2 分割

分割操作是将一个面数据分割为若干个面，如何分割则由另外一个面数据来确定。决定分割的面数据必须有一个文本类型的字段，该字段有多少个不同的唯一值，便会有多少个分割区域。分割操作先计算输入面数据落在每个分割区域内的部分，然后以该区域的分割字段值作为输出要素类的名字。一般来说，分割后要素类的个数应该同分割区域的数量保持一致，但是也有例外，如图 5-2 所示，因为输入面数据与分割区域中的 Zone5 和 Zone6 没有空间上的交集，就只会输出 4 个要素类。

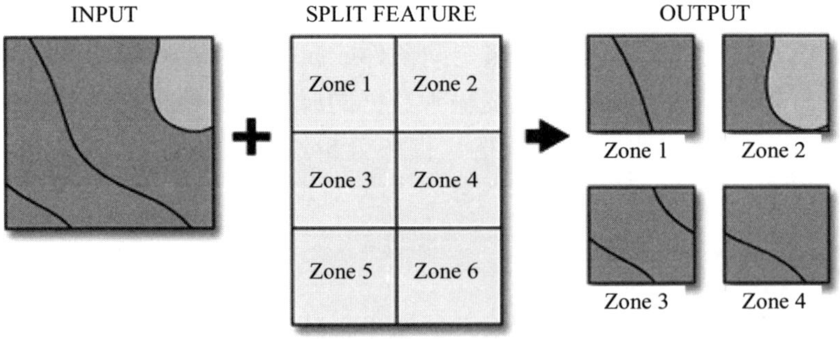

图 5-2 分割操作

5.1.3 属性提取

属性提取分为对要素类的属性提取（Select）和对表格的属性提取（Table Select)，二者的使用方法相同，只是输出分别对应为要素类和表格。属性提取的核心是构建 SQL 表达式，如果表达式为空，那么输出和输入则完全相同。构建

SQL 表达式的方法可见本书第 4 章 4.1.1 节“如何构造 SQL 表达式”。例如，我们需要将“长度大于 3 km 的河流”从河流要素中提取出来生成一个新的要素类，便可使用 Select 操作，通过下面的 SQL 语句进行提取：

"Shape_length" > 3000

如果我们处理非空间的表格，希望将人口大于 5000 的记录提取出来，便可使用 Table Select 操作，通过下面的 SQL 语句进行提取：

"POPULATION" >= 5000

5.2 叠加分析

叠加分析（Overlay）是指基于两个或两个以上的图层进行的分析操作，通过设置不同的空间关系（详见本书第 4 章表 4-3）来获取点、线、面要素在空间上的交集、并集、补集等，同时对属性进行关联，从而发现新的信息。常用的叠加分析操作有求交（Intersect）、合并（Union）、比较差异（Symmetrical difference）、空间连接（Spatial Join）等。

5.2.1 求交

求交操作用来获取多个图层空间上的公共部分（见图 5-3），如点要素和线要素或面要素求交得到落在线上或面内的点；线要素和面要素求交默认得到线穿过面内的部分；面要素和面要素求交默认得到其空间上重叠的部分。输出的要素中包含所有输入要素的属性。例如，可以使用求交操作来得到穿越某个行政区的河流，或者洪水淹没范围内的居民地等。

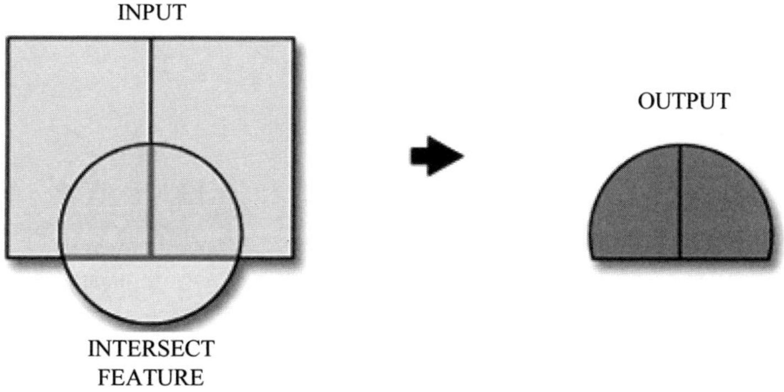

图 5-3 求交操作

需要说明的是，输出要素的几何类型与输入要素的几何维度有关，点要素的几何维度为 0，线要素的几何维度为 1，面要素的几何维度为 2。该算法会为输出要素给出一个默认的几何维度，即输入要素的最低几何维度，但是可以在设置该参数的时候更改其默认的几何维度，例如图 5-4 和图 5-5 就展示了在线要素和面要素叠加的情况下，如何通过修改输出要素的几何类型得到不同的分析结果。

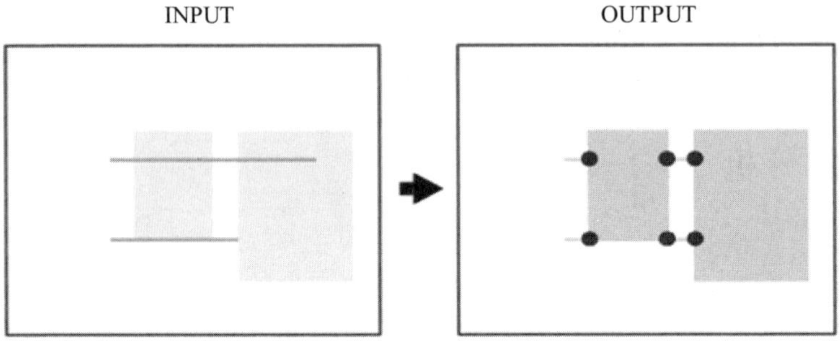

图 5-4 线要素和面要素叠加（生成点）

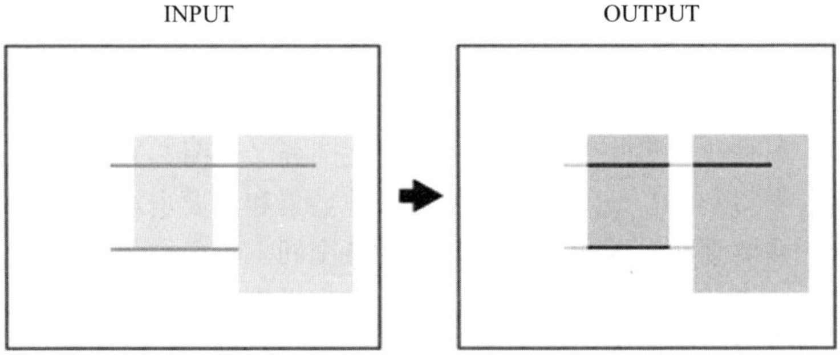

图 5-5 线要素和面要素叠加（生成线）

5.2.2 合并

合并操作用来处理多个面图层，输出结果的空间范围是所有输入面要素的并集，对于输入面要素有重叠的情况则会在重叠部分产生新的要素，并且新的要素会带上输入要素的属性信息（见图 5-6）。合并操作经常用来处理数据的拼接和追加，例如把各个行政区的数据合并得到全中国的数据。

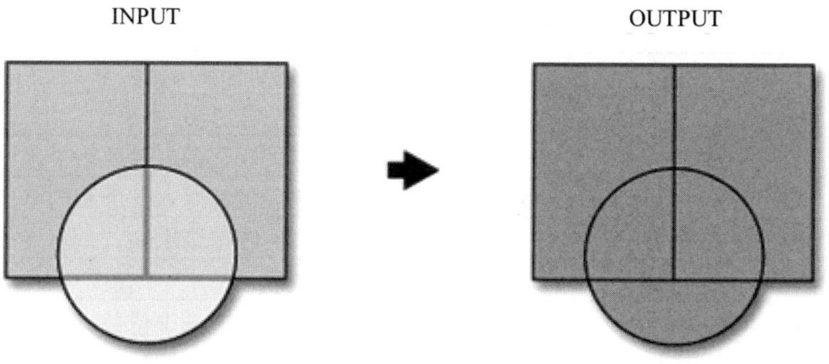

图 5-6 合并操作

5.2.3 比较差异

比较差异操作用来处理两个面图层，算法与求交相反，找出两个面的不同部分，属性保持与输入要素不变（见图 5-7）。比较差异常用来处理土地利用数据，例如比较两个年份的数据在哪些地方发生了变化。

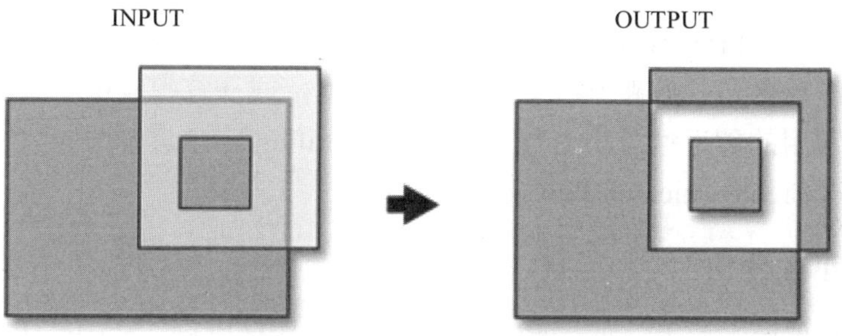

图 5-7 比较差异操作

5.2.4 空间连接

空间连接通过判断两个图层的空间位置关系（例如点落在面内，线穿过面等）将其属性进行关联。例如，统计出落在某个辖区内的犯罪案件数量有多少，就可以直接由空间连接进行计算。在连接属性时，可以对指定的字段进行合并（Field Mapping），合并规则如表 5-1 所示。

表 5-1 字段的合并规则

规则名称	规则含义
First	按属性表顺序记录所有关联记录中第一个出现的值
Last	按属性表顺序记录所有关联记录中最后一个出现的值
Join	将所有关联记录的字段值都写入一个新的字段中
Sum	对所有关联记录求和
Mean	对所有关联记录求平均值
Median	对所有关联记录求中位数
Mode	统计所有关联记录中出现次数最多的值
Min	对所有关联记录求最小值
Max	对所有关联记录求最大值
Standard deviation	对所有关联记录求标准方差
Count	统计关联记录的个数

5.3 邻近性分析

邻近性分析（Proximity）可用于单图层分析或多图层分析，例如为要素创建一定范围的缓冲区，找到距某一要素最近的要素，或计算得到中心要素周边的邻近区域等。常用的邻近性分析有缓冲区分析（Buffer），最近邻分析（Near）以及泰森多边形（Create Thiessen Polygon）计算等。

5.3.1 缓冲区分析

缓冲区分析用于在点、线、面周围生成一定范围的区域。范围的大小通过缓冲半径来指定，缓冲半径可以是固定的数值，也可以指定为某个字段，根据不同的字段值来生成不同的缓冲半径。生成的缓冲区有可能会产生重叠，如图 5-8 所示，可以选择是否采用融合（Dissolve）来合并重叠部分。缓冲区分析是 GIS 经典的空间分析功能之一，利用缓冲区可以获取污染物的扩散范围，河流周边的安全隔离区等。

5.3.2 最近邻分析

最近邻分析为输入要素找到距其最近的要素，并将最近要素的 ID，XY 坐标等信息写入到输入要素的属性表中。该算法适用于点、线、面、多点等不同几何类型的数据，它们之间距离的计算方法如图 5-9 所示。

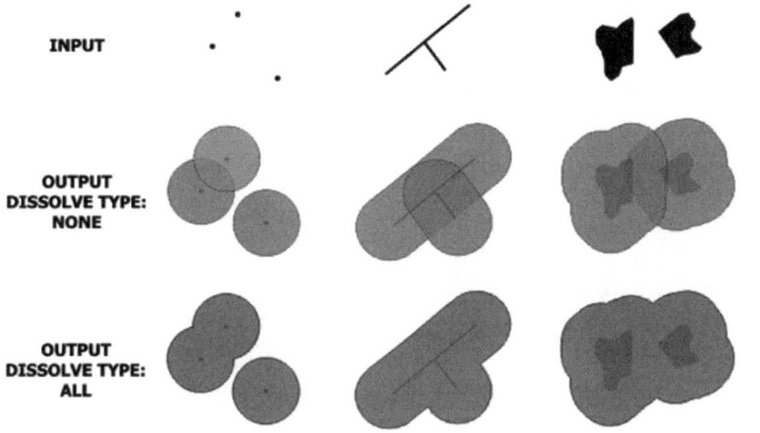

图 5-8 缓冲区分析

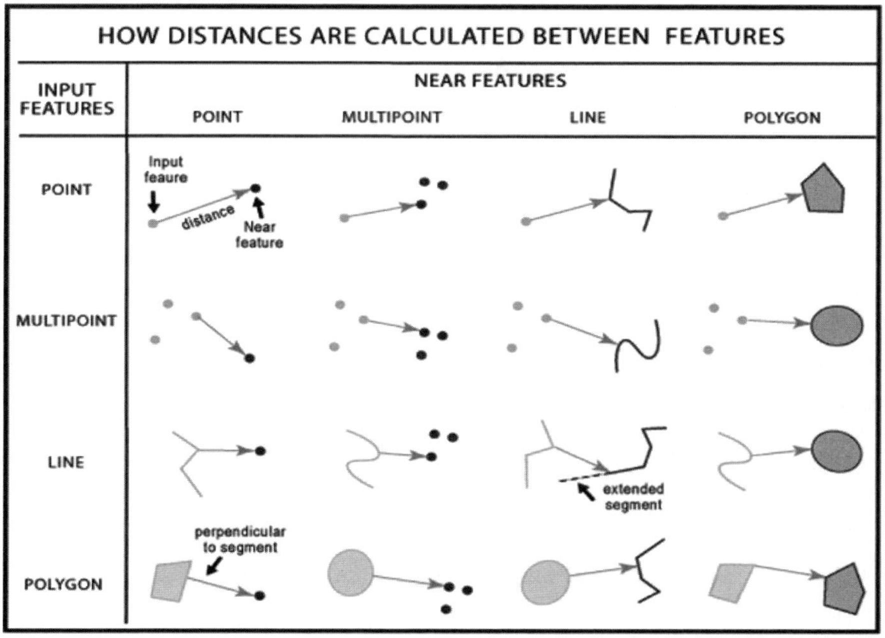

图 5-9 最近距离的计算方法

5.3.3 泰森多边形

泰森多边形又叫 Voronoi 图，由连接两个相邻离散点直线的垂直平分线所包围形成的多边形组成（见图 5-10）。根据垂直平分线的性质可知泰森多边形的特点是：①每个泰森多边形内仅含有一个离散点数据；②泰森多边形内的点到该离散点的距离最近；③位于泰森多边形边上的点到其两边离散点的距离相等。

泰森多边形是由荷兰气候学家 A.H.Thiessen 提出的，最开始用于根据离散分布的气象站的降雨量来估计平均降雨量。泰森多边形经常用于邻近分析、统计分析等，可以用离散点的性质来描述泰森多边形区域的性质，确定离散点的空间辐射范围等。

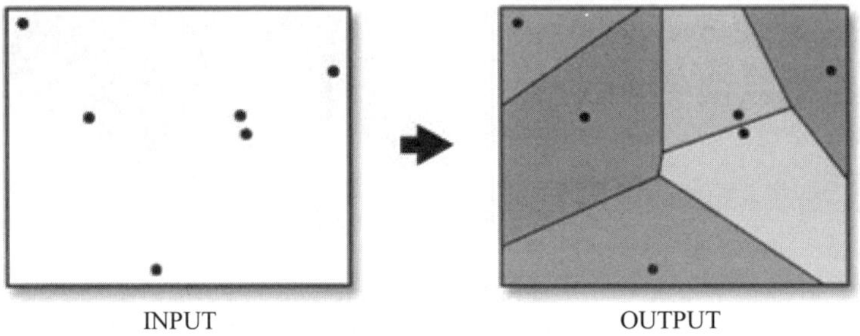

图 5-10　泰森多边形

5.4　统计分析

统计分析（Statistics）主要是针对属性表中的字段进行统计计算，包括针对定性数据的频数统计（Frequency）以及针对定量数据的数值统计（Summary Statistics）。

5.4.1　频数统计

频数统计可以计算得到某一个或某几个字段的组合出现的次数，例如对用地类型（DLMC）字段进行频数统计，在输出的统计表中可以看到每一种地类的块数，如图 5-11 所示。

5.4.2　数值统计

数值统计用于对数值类型的字段进行统计，可以计算最大值（MAX）、最小值（MIN）、求和（SUM）、平均值（MEAN）、标准方差（STD）等统计量，如果设置了分类统计，还可以按照类别，分别对每一类进行数值统计。例如根据用地类型

（DLMC）对每一种地类的面积进行求和、最大值和最小值计算，如图 5-12 所示。

FID	Shape	DLBM	DLMC
0	Polygon	102	公路用地
1	Polygon	201	城市
2	Polygon	201	城市
3	Polygon	201	城市
4	Polygon	201	城市
5	Polygon	201	城市
6	Polygon	201	城市
7	Polygon	122	设施农用地
8	Polygon	043	其他草地
9	Polygon	201	城市
10	Polygon	201	城市
11	Polygon	201	城市
12	Polygon	102	公路用地
13	Polygon	114	坑塘水面
14	Polygon	114	坑塘水面
15	Polygon	127	裸地
16	Polygon	012	水浇地

DLMC	FREQUENCY
城市	9
公路用地	2
坑塘水面	2
裸地	1
其他草地	1
设施农用地	1
水浇地	1

图 5-11 频数统计

FID	Shape	DLBM	DLMC	area
0	Polygon	102	公路用地	11606.986211
1	Polygon	201	城市	33030.922877
2	Polygon	201	城市	113441.678994
3	Polygon	201	城市	106843.525753
4	Polygon	201	城市	15876.09544
5	Polygon	201	城市	8013.546356
6	Polygon	201	城市	149511.607751
7	Polygon	122	设施农用地	4392.432885
8	Polygon	043	其他草地	348762.862612
9	Polygon	201	城市	30512.22778
10	Polygon	201	城市	1561.569855
11	Polygon	201	城市	1667.390624
12	Polygon	102	公路用地	10874.700762
13	Polygon	114	坑塘水面	320691.269877
14	Polygon	114	坑塘水面	72731.284152
15	Polygon	127	裸地	8961.792976
16	Polygon	012	水浇地	14492.232553

DLMC	FREQUEN	SUM_area	MAX_area	MIN_area
城市	9	460458.765429	149511.607751	1561.569855
公路用地	2	22481.686973	11606.986211	10874.700762
坑塘水面	2	393422.554029	320691.269877	72731.284152
裸地	1	8961.792976	8961.792976	8961.792976
其他草地	1	348762.862612	348762.862612	348762.862612
设施农用地	1	4392.432885	4392.432885	4392.432885
水浇地	1	14492.232553	14492.232553	14492.232553

图 5-12 数值统计

案例 9 地类图斑整理

一、问题描述

在土地调查中，为了对不同类型的地类进行统一管理，国家制定了地类标准分类，分为若干一级地类，在一级地类下又进一步细分为不同的二级地类，详见本案例后的附表。本案例主要介绍如何使用统计分析工具完成土地调查数据整理中常见的工作，如何根据二级地类编码获取一级地类编码，如何进行地块唯一编号的赋值，如何统计地块面积，如何获取毗邻地块的信息。本案例所使用的数据为 PYDATA\Database\Landuse 文件夹下的 DLTB.shp。

二、程序处理流程

程序处理流程见图 5-13。

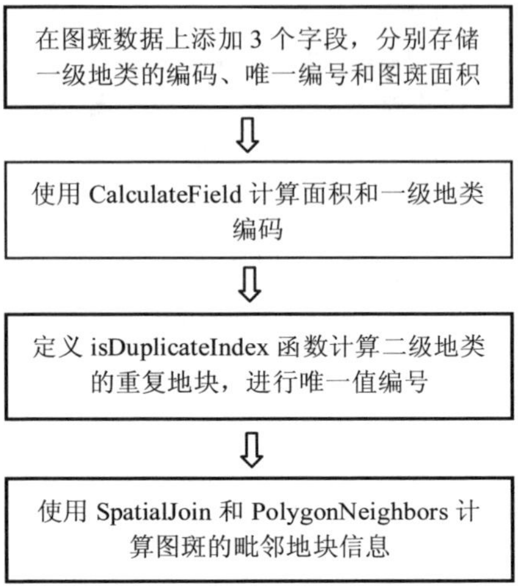

图 5-13　程序处理流程

三、完整代码

```
# -*- coding：utf-8 -*-
import arcpy
arcpy.env.overwriteOutput=True
infc = "C:\\PYDATA\\Database\\Landuse\\DLTB.shp"
outfc= "C:\\PYDATA\\result\\DLTB_SJ.shp"
outtb="C:\\PYDATA\\result\\DLTB_SJTab.dbf"
#添加字段
arcpy.AddField_management（infc，"YJDL"，"TEXT"）
arcpy.AddField_management（infc，"UniqueID"，"TEXT"）
arcpy.AddField_management（infc，"Area"，"DOUBLE"）
#计算每个地块面积
arcpy.CalculateField_management（infc，"Area"，!SHAPE.Area!"，”
PYTHON_9.3"）
```

```
#获取一级地类编码
arcpy.CalculateField_management（infc，"YJDL"，!DLBM![0：2]"，
"PYTHON_9.3"）
#为每个地块赋予唯一 ID 编号（即按二级地类依次顺序赋值，
#如 011 有两个地块，则分别赋予 0111，0112）
expression = "isDuplicateIndex（!DLBM!）"
codeblock = """
UniqueDict = {}
def isDuplicateIndex（inValue）：
    UniqueDict.setdefault（inValue，0）
    UniqueDict[inValue] += 1
    return str（inValue）+str（UniqueDict[inValue]）
"""
arcpy.CalculateField_management（infc，"UniqueID"，expression，
"PYTHON_9.3"，codeblock）

#统计每个地块毗邻的地块
#输出要素类
fieldmappings = arcpy.FieldMappings（）
fieldmappings.addTable（infc）
arcpy.SpatialJoin_analysis（infc，infc，outfc，"JOIN_ONE_TO_MANY"，
"#"，fieldmappings，
"SHARE_A_LINE_SEGMENT_WITH"）
#输出统计表
arcpy.PolygonNeighbors_analysis（infc，outtb，"FID"）
```

字段赋值及邻接地块统计表见图 5-14 和图 5-15。

DLTB

	FID	Shape	DLBM	DLMC	YJDL	UniqueID	Area
▸	0	Polygon	102	公路用地	10	1021	11606.986211
	1	Polygon	201	城市	20	2011	33030.922877
	2	Polygon	201	城市	20	2012	113441.678994
	3	Polygon	201	城市	20	2013	106843.525753
	4	Polygon	201	城市	20	2014	15876.09544
	5	Polygon	201	城市	20	2015	8013.546356
	6	Polygon	201	城市	20	2016	149511.607751

图 5-14 字段赋值

DLTB_SJ

	OID	src_FID	nbr_FID	LENGTH
▸	0	0	13	133.768373
	1	0	16	257.558231
	2	0	60	150.87443
	3	1	3	219.349982
	4	1	4	166.537859
	5	1	44	166.233881
	6	1	102	219.704786

图 5-15　邻接地块统计表

附表

地类编码表（引自中华人民共和国土地管理行业标准 TD/T 1014—2007《第二次全国地图调查技术规程》）

一级地类		二级地类	
编码	名称	编码	名称
01	耕地	011	水田
		012	水浇地
		013	旱地
02	园地	021	果园
		022	茶园
		023	其他园地
03	林地	031	有林地
		032	灌木林地
		033	其他林地
04	草地	041	天然草地
		042	人工牧草地
		043	其他草地
05	商服用地	051	批发零售用地
		052	住宿餐饮用地
		053	商务金融用地
		054	其他商服用地
06	工矿仓储用地	061	工业用地
		062	采矿用地
		063	仓储用地
07	住宅用地	071	城镇住宅用地
		072	农村宅基地

一级地类		二级地类	
编码	名称	编码	名称
08	公共管理与公共服务用地	081	机关团体用地
		082	新闻出版用地
		083	科教用地
		084	医卫慈善用地
		085	文体娱乐用地
		086	公共设施用地
		087	公园与绿地
		088	风景名胜设施用地
09	特殊用地	091	军事设施用地
		092	使领馆用地
		093	监教场所用地
		094	宗教用地
		095	殡葬用地
10	交通运输用地	101	铁路用地
		102	公路用地
		103	街巷用地
		104	农村道路
		105	机场用地
		106	港口码头用地
		107	管道运输用地
11	水域及水利设施用地	111	河流水面
		112	湖泊水面
		113	水库水面
		114	坑塘水面
		115	沿海滩涂
		116	内陆滩涂
		117	沟渠
		118	水工建筑用地
		119	冰川及永久积雪
12	其他土地	121	空闲地
		122	设施农用地
		123	田坎
		124	盐碱地
		125	沼泽地
		126	沙地
		127	裸地

一级地类		二级地类	
编码	名称	编码	名称
20	城镇村及工矿用地	201	城市
		202	建制镇
		203	村庄
		204	采矿用地
		205	风景名胜及特殊用地

案例 10　犯罪案件关联性分析

一、问题描述

本案例主要介绍如何使用邻近性分析和统计分析对警局及其周边的犯罪案件进行关联性分析，获取每个警局周边（空间最近）的案件数量，并进行可视化展示。根据现有警局区位的分析结果，可以为下一步警局优化选址提供决策支持。本案例所使用的数据位于 PYDATA\Database\CrimeAnalysis 文件夹下。

二、程序处理流程

程序处理流程见图 5-16。

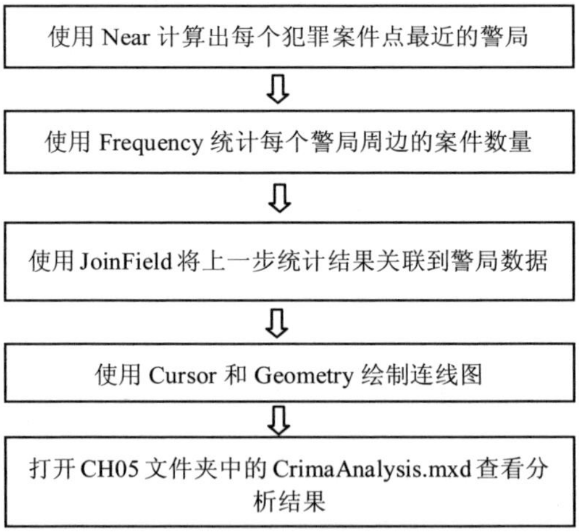

图 5-16　程序处理流程

三、完整代码

```
# -*- coding：utf-8 -*-
import arcpy
arcpy.env.overwriteOutput=True
arcpy.env.workspace="C:\\PYDATA\\result"
in_station = "C:\\PYDATA\\Database\\CrimeAnalysis\\Stations.shp"
in_crime= "C:\\PYDATA\\Database\\CrimeAnalysis\\911Calls.shp"
out_ln="crime_ln"

arcpy.Near_analysis（in_crime，in_station，"#"，"LOCATION"）
#统计每个警局周边的案件数量，追加到 Stations 属性表
arcpy.Frequency_analysis（in_crime，"crime_tb"，"NEAR_FID"）
arcpy.JoinField_management（in_station，"FID"，"crime_tb"，"NEAR_FID"，
"FREQUENCY"）

#生成连线图
cur=arcpy.SearchCursor（in_crime，fields="SHAPE；NEAR_X；NEAR_Y"）
featlist=[]
arr=arcpy.Array（）
for row in cur：
    arr.removeAll（）
    #绘制线
    pt_start=row.Shape.firstPoint
    pt_end=arcpy.Point（row.NEAR_X，row.NEAR_Y）
    arr.add（pt_start）
    arr.add（pt_end）
    ln=arcpy.Polyline（arr）
    featlist.append（ln）
del cur，row，arr
#输出线要素类
arcpy.CopyFeatures_management（featlist，out_ln）
```

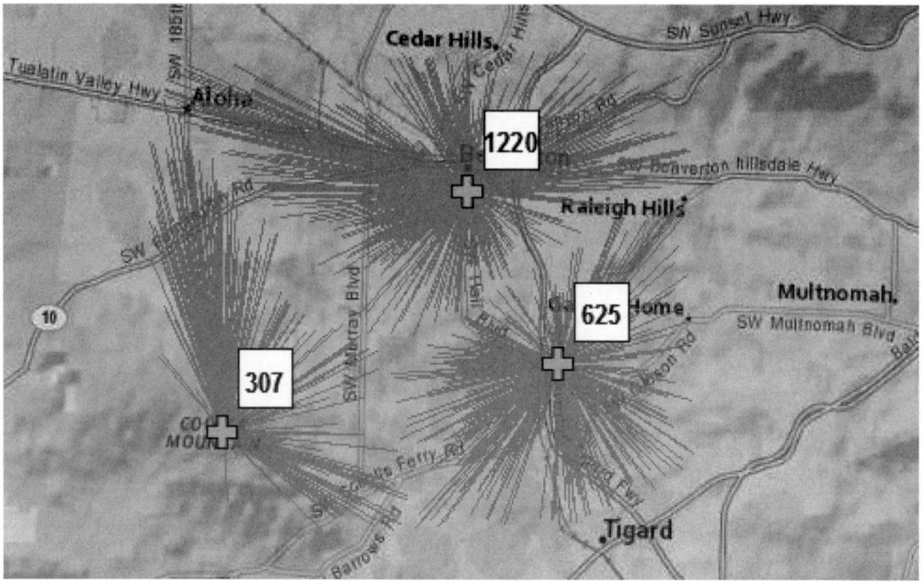

图 5-17　犯罪案件关联性示意图

图 5-17 直观地展现了每个警察局附近的犯罪案件分布情况，具体的犯罪案件数量通过图层标注显示在地图上，可以看到北边的犯罪数量较多。根据此结果可以对现有警局的警力分配做出相应调整，并为将来新警察局的区位设置提供决策支持。本方法也适用于教育资源、医疗设施的分布状况评估等。

案例 11　流行病统计分析

一、问题描述

1854 年，一场严重的霍乱在伦敦西部西敏市苏活区爆发并迅速传播，当时对霍乱起因的主流意见是空气传播，而医生约翰・斯诺通过霍乱死亡统计分布图与水井分布地图的对比分析，发现霍乱其实是通过水传播的，并由此制作出了世界上第一份霍乱病统计地图。本案例利用泰森多边形来分析霍乱病例和水井的关系，通过比较空间上分布的差异找到致病的水井，最终找到了英国霍乱病的起因。本案例所使用的数据位于 PYDATA\Database\ London 文件夹下。

二、程序处理流程

程序处理流程见图 5-18。

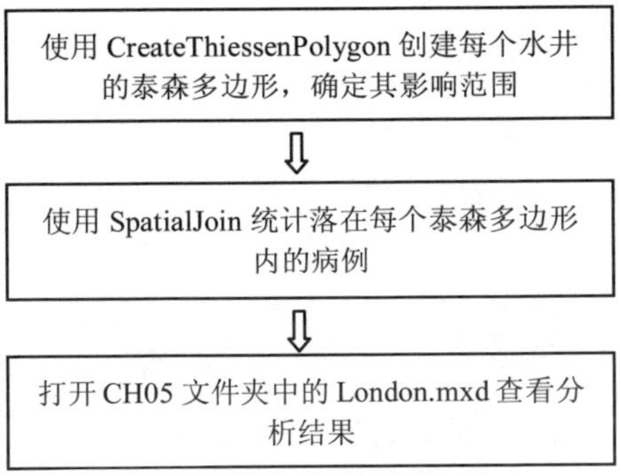

图 5-18　程序处理流程

三、完整代码

```
# -*- coding：utf-8 -*-
import arcpy，os
arcpy.env.overwriteOutput=True
in_death = "C:\\PYDATA\\Database\\London\\Cholera_Deaths.shp"
in_pump= "C:\\PYDATA\\Database\\London\\LondonWaterPumps.shp"
out_thiessen="C:\\PYDATA\\result\\pump_thiessen.shp"
out_join="C:\\PYDATA\\result\\pump_death.shp"

try：
    #创建水井的泰森多边形
    arcpy.CreateThiessenPolygons_analysis（in_pump， out_thiessen，
"ALL"）
    #将病例数量关联到泰森多边形上
    arcpy.SpatialJoin_analysis（out_thiessen，in_death，out_join，
                               "#"，"#"，"#"，"INTERSECT"）
except Exception as e：
    print e.message
```

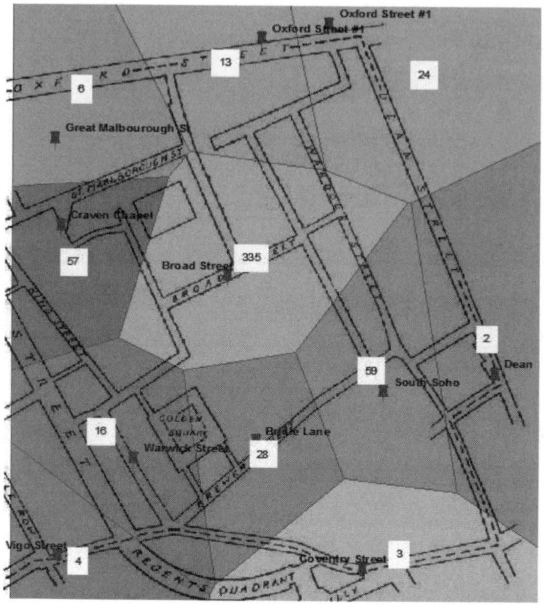

图 5-19　英国霍乱病分析案例

通过分析结果可以发现霍乱病的分布在空间上呈现明显的不均衡性，从而对空气传播的假设给出了有力的反驳证据（见图 5-19）。通过统计落在泰森多边形内的病例，可以发现病例集中于 Broad Street 附近（共计 335 例），经过调查，正是此处的水源受到了污染。斯诺医生的判断和分析成功揭示了地点和事件之间的空间联系，这场霍乱最终也得到了有效控制，斯诺医生也因此成为利用空间技术解决流行病传播问题的第一人。

5.5 本章小结

本章详细介绍了矢量数据的提取分析、叠加分析、邻近性分析以及统计分析方法，这些方法往往要配合使用，并结合前面章节讲到的空间查询、属性查询、Cursor 和 Geometry 来对数据的空间信息和属性信息进行综合处理。由于矢量数据结构复杂，分析方法多样，对于一个问题往往会有不同的解决方案，只有熟练掌握基础知识，才能找到最简单、高效的方法。下一章我们将会学习针对另一种 GIS 数据类型——栅格数据的空间分析方法。

第 6 章　栅格数据分析

栅格数据是以像元阵列来存储空间对象的，因此基于栅格数据的分析实质是基于栅格像元的运算。由于栅格数据结构相比矢量数据要简单，因此运算速度比矢量数据要快。ArcGIS 提供了专门针对栅格数据的空间分析扩展模块（Spatial Analyst Extension），并内置地图代数引擎对栅格进行运算。本章将对空间分析扩展模块以及地图代数的书写方法进行详细介绍，并结合实例实现对栅格的切分和土地利用变化分析，以及基于 DEM 的水文分析和山体阴影图的生成和优化。

6.1　空间分析扩展模块

空间分析扩展模块是针对栅格数据进行空间分析和建模的一系列工具包，主要包括：①使用地图代数对栅格像元值进行计算，实现图像平滑、去噪等；②空间插值，由离散的采样点得到连续的估值表面；③基于地形表面进行坡度、坡向、通视性分析、水文分析、计算成本距离；④实现空间选址中的二值打分模型和加权适宜性模型等。空间分析工具箱包括 19 个工具集，近 200 个工具。各工具集的主要功能见表 6-1。

表 6-1　空间分析工具箱简介

工具集名称	工具集描述	主要工具
Conditional	根据条件对输入像元值进行处理，包括对属性值的条件设置和对像元位置的条件设置	Con • Pick • Set Null
Density	计算点密度、线密度和核密度	Kernel Density • Line Density • Point Density
Distance	欧式距离和成本距离计算	Corridor • Cost Allocation • Cost Back Link • Cost Distance • Cost Path • Euclidean Allocation • Euclidean Direction • Euclidean Distance • Path Distance • Path Distance Allocation • Path Distance Back Link

工具集名称	工具集描述	主要工具
Extraction	根据属性条件和空间范围对栅格数据进行提取	Extract by Attributes • Extract by Circle • Extract by Mask • Extract by Points • Extract by Polygon • Extract by Rectangle • Extract Multi Values to Points • Extract Values to Points • Sample
Generalization	对栅格数据进行简化、去噪声、边界平滑等处理	Aggregate • Boundary Clean • Expand • Majority Filter • Nibble • Region Group • Shrink • Thin
Groundwater	对地下水进行分析	Darcy Flow • Darcy Velocity • Particle Track • Porous Puff
Hydrology	水文分析模块，包括生成流向、流量栅格、流域分析等	Basin • Fill • Flow Accumulation • Flow Direction • Flow Length • Sink • Snap Pour Point • Stream Link • Stream Order • Stream to Feature • Watershed
Interpolation	空间插值分析，包括反距离权重法、自然邻域法、样条函数法、克里金法等	IDW • Kriging • Natural Neighbor • Spline • Spline with Barriers • Topo to Raster • Topo to Raster by File • Trend
Local	局域函数集	Cell Statistics • Combine • Equal to Frequency • Greater Than Frequency • Highest Position • Less Than Frequency • Lowest Position • Popularity • Rank
Map Algebra	书写地图代数的栅格计算器	Raster Calculator
Math General	常规数学运算函数	Abs • Divide • Exp • Exp10 • Exp2 • Float • Int • Ln • Log10 • Log2 • Minus • Mod • Negate • Plus • Power • Round Down • Round Up • Square • Square Root • Times
Math Logical	数学逻辑运算	Boolean And • Boolean Not • Boolean Or • Boolean XOr • Combinatorial And • Combinatorial Or • Combinatorial XOr • Diff • Equal To • Greater Than • Greater Than Equal • In List • Is Null • Less Than • Less Than Equal • Not Equal • Over • Test
Math Trigonometric	数学三角函数	ACos • ACosH • ASin • ASinH • ATan • ATan2 • ATanH • Cos • CosH • Sin • SinH • Tan • TanH
Math Bitwise	数学位运算	Bitwise And • Bitwise Left Shift • Bitwise Not • Bitwise Or • Bitwise Right Shift • Bitwise XOr
Multivariate	多元分析，包括监督分类，非监督分类，主成分分析等	Band Collection Statistics • Class Probability • Create Signatures • Dendrogram • Edit Signatures • Iso Cluster • Iso Cluster Unsupervised Classification • Maximum Likelihood Classification • Principal Components

工具集名称	工具集描述	主要工具
Neighborhood	邻域函数	Block Statistics • Filter • Focal Flow • Focal Statistics • Line Statistics • Point Statistics
Overlay	栅格叠加分析	Fuzzy Membership • Fuzzy Overlay • Weighted Overlay • Weighted Sum
Raster Creation	创建栅格数据	Create Constant Raster • Create Normal Raster • Create Random Raster
Reclass	栅格重分类	Lookup • Reclass by ASCII File • Reclass by Table • Reclassify • Slice
Solar Radiation	太阳辐射分析	Area Solar Radiation • Points Solar Radiation • Solar Radiation Graphics
Surface	地形表面分析	Aspect • Contour • Contour List • Contour with Barriers • Curvature • Cut Fill • Hillshade • Observer Points • Slope • Viewshed • Visibility
Zonal	区域函数	Tabulate Area • Zonal Fill • Zonal Geometry • Zonal Geometry as Table • Zonal Histogram • Zonal Statistics • Zonal Statistics as Table

空间分析作为扩展模块，如果在 Python 脚本中调用，需要首先导入扩展包，代码如下：

arcpy.CheckOutExtension（"Spatial"）

如果是在其他环境中调用，如直接调用工具、命令行或 Model Builder，则需要在 ArcGIS Desktop 中勾选扩展的许可（见图 6-1）。

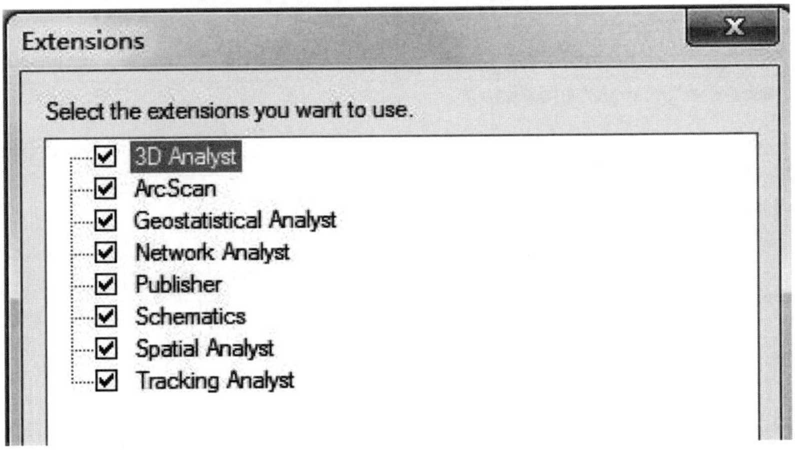

图 6-1　Customize 菜单下的 Extension 管理器

无论用哪种方式调用空间分析扩展包，最终都会转换为地图代数表达式，提交给栅格引擎进行计算。因此，地图代数是栅格处理和分析的核心，掌握地图代数的书写规则，就可以灵活地对栅格进行处理。

6.2　地图代数显身手

地图代数是一种简单而强大的代数语言，可以对栅格像元进行各种数学运算以及空间运算。地图代数表达式可以在栅格计算器（Raster Calculator）工具中书写，由于地图代数已集成到 ArcPy 中，因此也可以方便地在 Python Window 命令行、Python 脚本中书写和执行。

1．栅格计算器书写地图代数

栅格计算器见图 6-2。

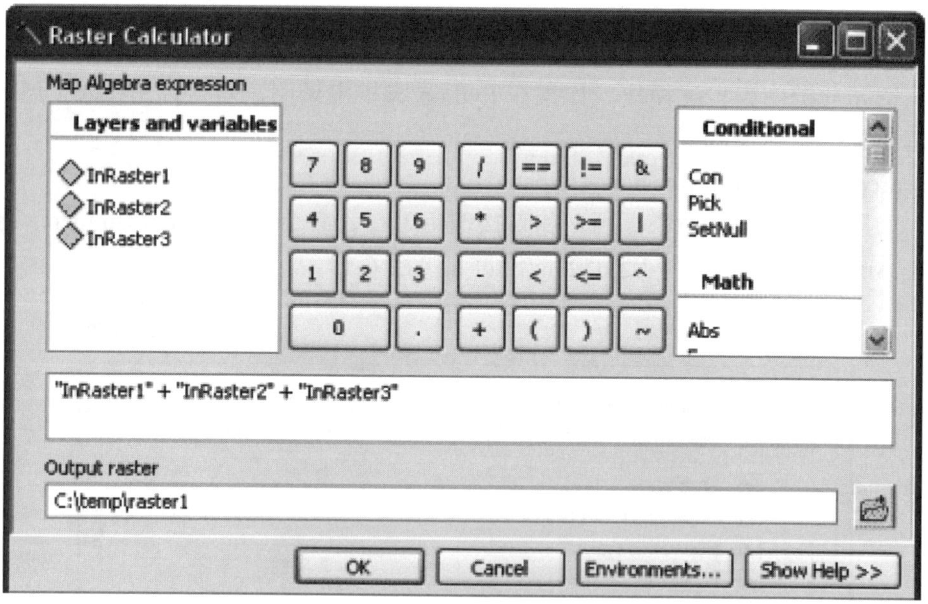

图 6-2　栅格计算器

2．Python Window 命令行书写地图代数

Python Window 命令行见图 6-3。

```
Python
>>> from arcpy import env
>>> from arcpy.sa import *
>>> env.workspace = "C:/data"
>>> outSlope = Slope("elevation")
>>> outSlope.save("C:/output/outslope01")
>>>
```

图 6-3 Python Window 命令行

6.2.1 地图代数语法

OutRas=（"InDem"/5）+FocalStatistics（Hillshade（"InDem"，"315"，"45"），"Rectangle 4 4 CELL"，"MEDIAN"，"DATA"）

上面是一个较复杂的地图代数语句，实现了多个函数的嵌套，正是由于地图代数这样灵活的特性，使得栅格的处理易如反掌。该示例语句包含了一个完整地图代数表达式的 3 个部分：

（1）输入输出数据

该示例语句包含了一个输入数据（InDem）和一个输出数据（OutRas）。输入数据一般情况应该用完整路径表示，如"C:/Data/InDem"，但是如果直接在 ArcMap 中调用栅格计算器，且输入数据已经加载到 ArcMap 中，则可以直接书写图层名。

输出数据默认会输出到当前设置的工作空间中（Workspace），也可以另存为其他路径：

OutRas.save（"C:/Data/ OutRas "）

（2）运算符

该示例语句包含了一个除法运算符（/），地图代数表达式支持数学运算符、逻辑运算符、布尔运算符。不同的运算符具有不同的优先级，先处理优先级更高的运算符，如果两个运算符的优先级值相同，则按表达式中从左到右的顺序来处理它们。可以使用括号限定优先级，不管指定的是什么运算符，总是先处理最内层括号中的运算。图 6-4 按照由低到高的顺序列出了运算符的优先级。

Map Algebra operator	Reference
<, <=, >, >=, ==, !=	Less Than, Less Than Equal, Greater Than, Greater Than Equal, Equal To, Not Equal
|	Boolean Or
^	Boolean XOr
&	Boolean And
<<, >>	Bitwise Left Shift, Bitwise Right Shift
+, -	Addition, Subtraction
*, /, //, %	Multiplication, Division, Integer Division, Modulo
+, -, ~	Unary Plus, Negate, Boolean Not
**	Power

图 6-4　地图代数运算符优先级

(3) 工具及参数

该示例语句使用了两个工具（Focal Statistics 和 Hillshade），一个工具的输出结果可以作为另一个工具的参数。工具及参数的书写要遵循以下规则：

①工具名区分大小写；

②工具各参数按照逗号进行分隔；

③空引号（""）为可选参数指定默认值；

④关键字参数（如该语句中的"DATA"）用引号括起来，关键字不区分大小写，但为增加可读性建议使用大写字母。

6.2.2　地图代数函数类型

根据对像元处理方式的不同，可以将地图代数函数整体上分为四类：

(1) 局域函数（Local Function）

局域函数指在计算输出栅格像元值时，逐个计算输入像元的值，不考虑周边像元对其的影响。代表函数为对多个栅格图像进行叠加的像元统计（Cell Statistics）工具（见图 6-5）。

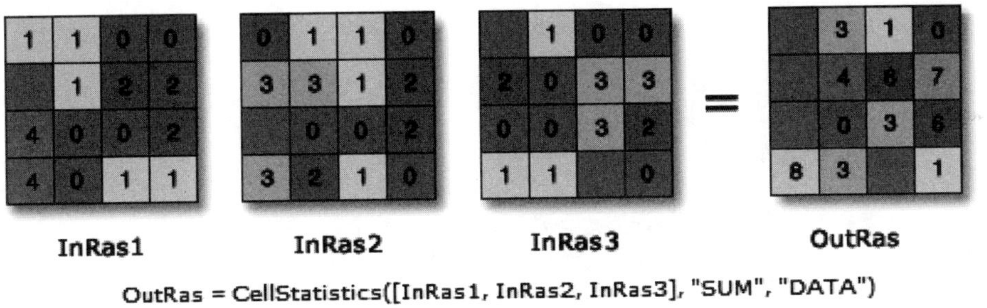

图 6-5 像元统计

(2) 邻域函数（Focal Function）

邻域函数指在计算输出栅格像元值时，会将中心像元周围邻域内的像元全部纳入计算，代表函数为邻域统计（Focal Statistics）工具。可以设置不同的邻域类型来实现对栅格进行处理（见图 6-6）。

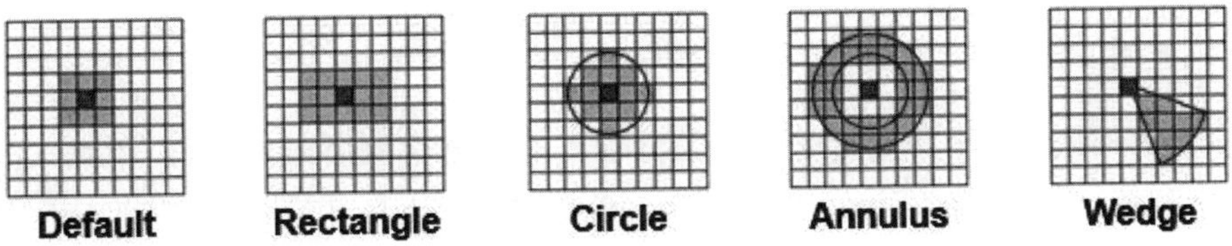

图 6-6 不同的邻域类型

(3) 区域函数（Zonal Function）

区域函数指在计算输出栅格像元值时，会按照区域数据（Zone Layer）的覆盖范围，对覆盖范围内的像元值（Value layer）进行统计，例如分区计算人口总数，降水量平均值等（见图 6-7）。代表函数为区域统计（Zonal Statistics）工具函数。

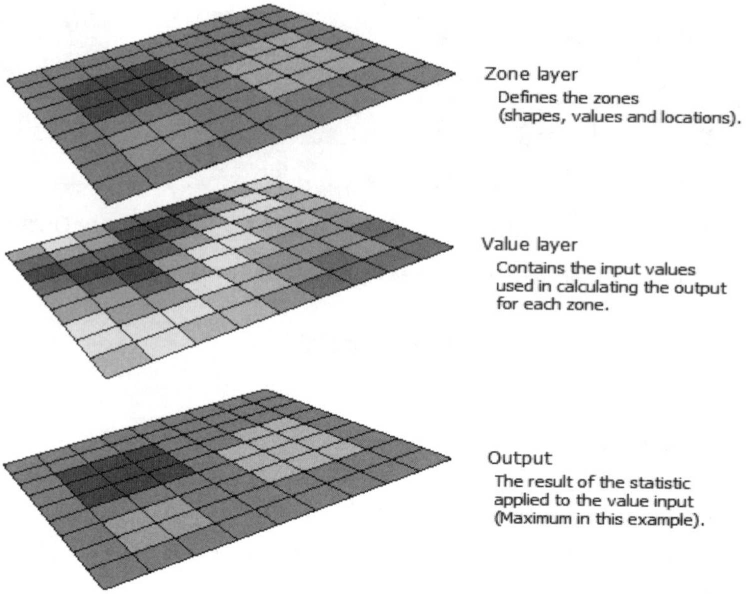

图 6-7 区域统计

(4) 全局函数 (Global Function)

全局函数指在计算输出栅格像元值时，输入栅格的所有像元都会参与运算。代表函数为区域合并（Region Group），该函数会将相互邻接且具有相同像元值的区域分配唯一 ID 标识，该工具可以用来标识空间上相互独立的植被、湖泊等（见图 6-8）。

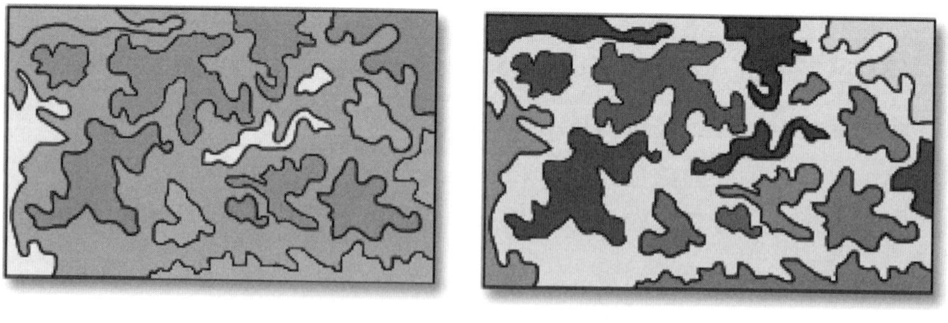

图 6-8 Region Group 对植被区域进行拆分

6.3 水文分析

水文分析是基于数字高程模型（DEM）进行分析的重要应用之一，包括利用地表水流模型进行水流方向、汇流量、河流长度的计算，水系网络的提取，流域盆地的划分等，在水利、规划行业有着广泛的应用。下面就以最常见的水系网络提取为例，介绍其具体实现过程。

（1）洼地填充

由等高线、高程点插值得到的 DEM 数据往往会出现个别异常值，例如某个像元值远远低于或高于周围的像元值，从而使得在流向计算的时候得不到正确的水流方向。因此在计算水流方向之前，需要使用 Fill 工具对原始 DEM 进行洼地填充，得到无洼地的 DEM（见图 6-9）。洼地填充地图代数表达式为：

Fill（in_surface_raster，{z_limit}）

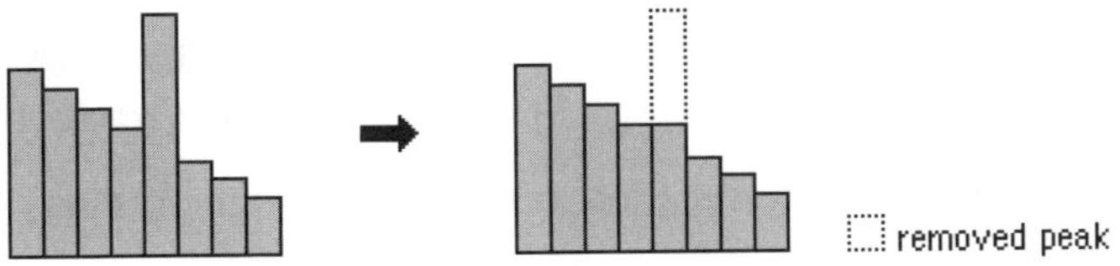

图 6-9 洼地填充

（2）流向计算

流向计算是得到每一个栅格中水离开的方向，通过计算中心像元与周围 8 个邻域像元的最大落差来确定该方向。落差用两像元的高程差除以像元间的距离来表示，如果是上下左右四个方向的像元，距离即为 cellsize，如果是四个对角线方向的像元，则为 $\sqrt{2}$ *cellsize。得到最大落差方向便可确定栅格像元值，按照顺时针方向分别赋予 1，2，4，8，16，32，64，128（见图 6-10）。流向地图代数表达式为：

FlowDirection（in_surface_raster，{force_flow}，{out_drop_raster}）

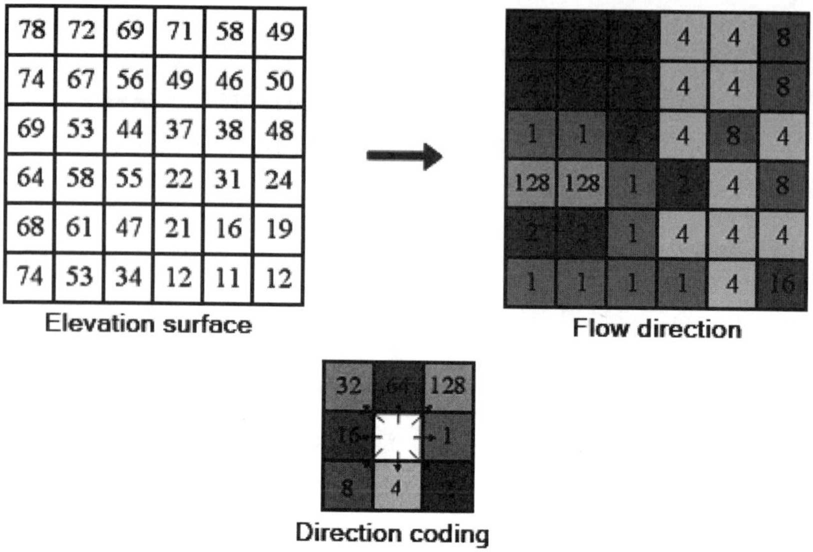

图 6-10 流向栅格计算

（3）流量计算

流量计算是根据水流的方向来得到汇流累积量，栅格像元的汇流累积量代表了上游有多少个栅格的水会流经该栅格。汇流量越大的地方，就容易形成地表径流，从而可以进行河流网络提取（图 6-11）。流量地图代数表达式为：

FlowAccumulation（in_flow_direction_raster，{in_weight_raster}，{data_type}）

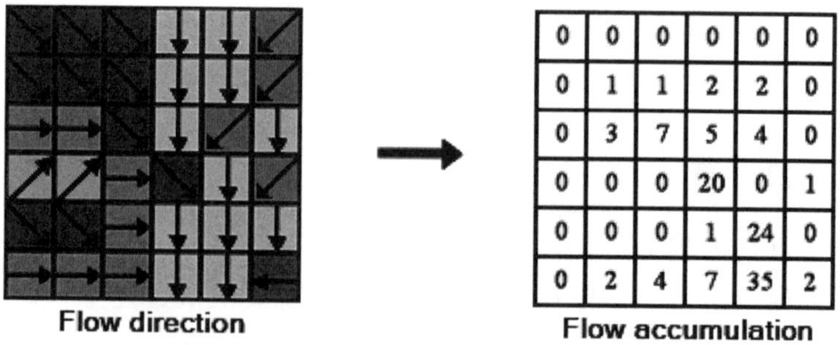

图 6-11 流量栅格计算

（4）阈值设置

在提取水系网络时，究竟多大的汇流量才能形成河流是一个比较关键的问题。设置合理汇流量阈值的核心是要充分了解实地研究对象，同时也可以在 ArcMap 中，通过符号化的方法，来检验设置的阈值是否合理（见图 6-12）。

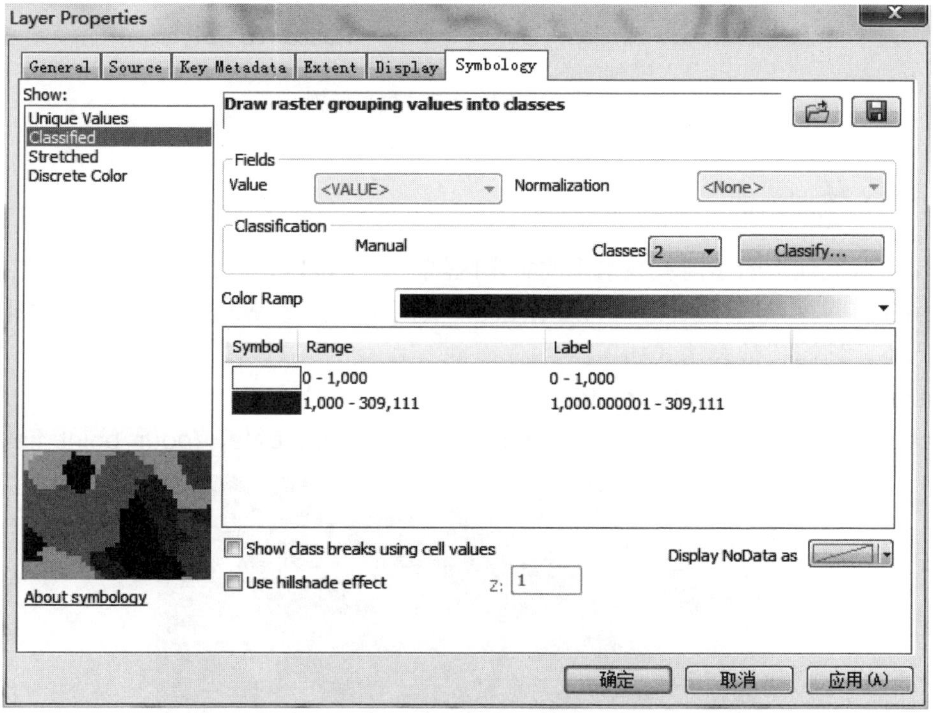

图 6-12 通过符号化判断阈值

（5）生成水系

确定合理的阈值后，就可以基于流量栅格得到栅格格式的水系图。具体方法为使用地图代数中的条件运算（Con 函数）将小于阈值的像元值设为 NODATA。地图代数表达式为：

SetNull（"flowAccum"，1，"VALUE < 1000"）

接着使用 Stream to Feature 工具将栅格水系转换为矢量，在这一步骤不建议使用 Raster to Polyline 工具，这两个工具的区别见图 6-13。

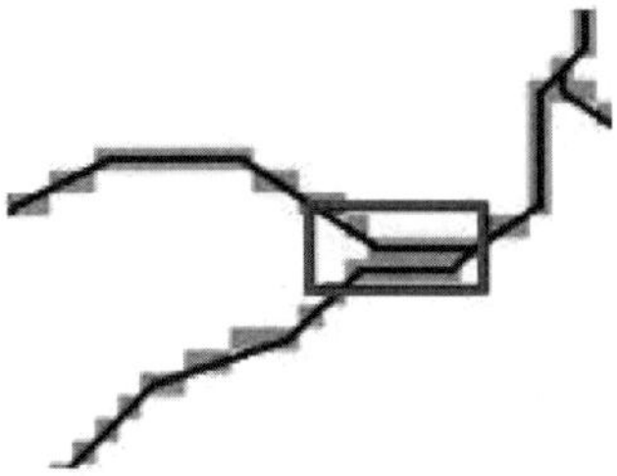

Stream to Feature　　Raster to Polyline

图 6-13　栅格水系转矢量区别

(6) 流域盆地

流域盆地指的是河流或水系的集水区域（见图 6-14）。ArcGIS 中对流域盆地的划分有两种算法，Basin 和 Watershed，其区别主要是 Watershed 算法需要指定注入点。地图代数表达式如下：

Basin（in_flow_direction_raster）

Watershed（in_flow_direction_raster，in_pour_point_data，{pour_point_field}）

图 6-14　流域盆地

6.4 地形分析

基于 DEM 的数据分析的另一个重要应用就是提取地形表面因子（坡度、坡向），进行通视性分析以及在制图的时候生成山体阴影图展示晕渲效果等。

（1）坡度分析

坡度分析用来计算任一栅格像元与邻域栅格像元之间 z 值最大的变化率，即垂直方向增量与水平方向增量的比率，可以反映地形的陡峭程度（见图 6-15，彩图 1）。坡度有角度（DEGREE）和比率（PERCENT_RISE）两种表示形式。计算坡度的地图代数表达式为：

Slope（in_raster，{output_measurement}，{z_factor}）

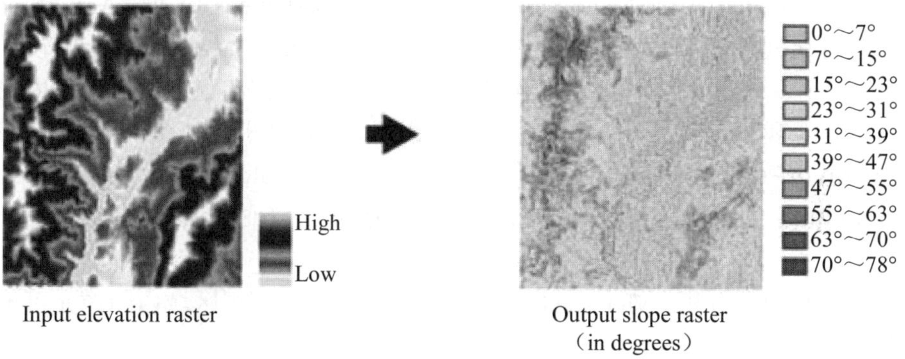

图 6-15 坡度分析

（2）坡向分析

坡向分析用来计算任一栅格像元与邻域栅格像元之间 z 值变化率最大的方向与正北方向的夹角，正北定义为 0°，顺时针旋转 360°（见图 6-16，彩图 2）。坡向计算可用于用地适宜性分析，例如分析哪里是阳坡哪里是阴坡。坡向计算的地图代数表达式为：

Aspect（in_raster）

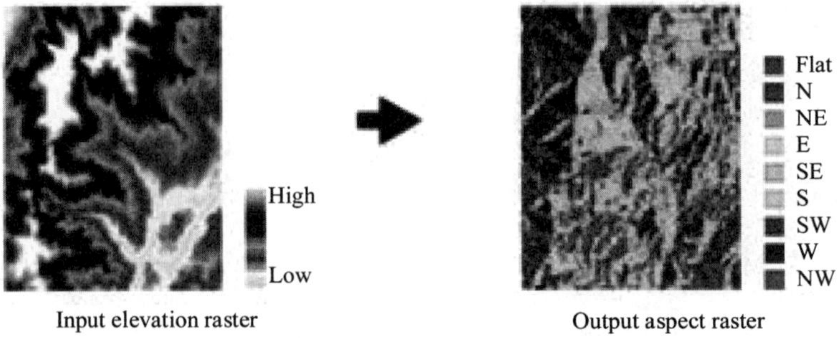

图 6-16 坡向分析

(3) 通视性分析

通视性分析可以返回从一个或多个位置出发可以观测到的区域。ArcGIS 有两种算法进行通视性分析，第一种是视点分析（ObserverPoints），它会给出较详细的结果，但是观测点数量不能超过 16 个，返回结果中会详细记录可视区域内的像元可以被几个观测点看到，具体是哪几个观测点。视点分析的地图代数表达式为：

ObserverPoints（in_raster，in_observer_point_features，{z_factor}，{curvature_correction}，{refractivity_coefficient}，{out_agl_raster}）

另一种是视域分析（Viewshed），视域分析仅能给出可视区域内的像元可被几个观测点看到，视域分析的地图代数表达式为：

Viewshed（in_raster，in_observer_features，{z_factor}，{curvature_correction}，{refractivity_coefficient}，{out_agl_raster}）

无论对于视点分析还是视域分析，还可以指定更为详细的参数，但这些参数的指定需要在观测点的属性表中添加相应的字段，字段名如下，须保持一致，即：OFFSETA、OFFSETB、AZIMUTH1、AZIMUTH2、VERT1、VERT2、RADIUS1、RADIUS2，这些字分别用来指定观测点的高度、目标点的高度、观测点的水平视角、观测点的俯仰角以及水平视域半径等（见图 6-17）。

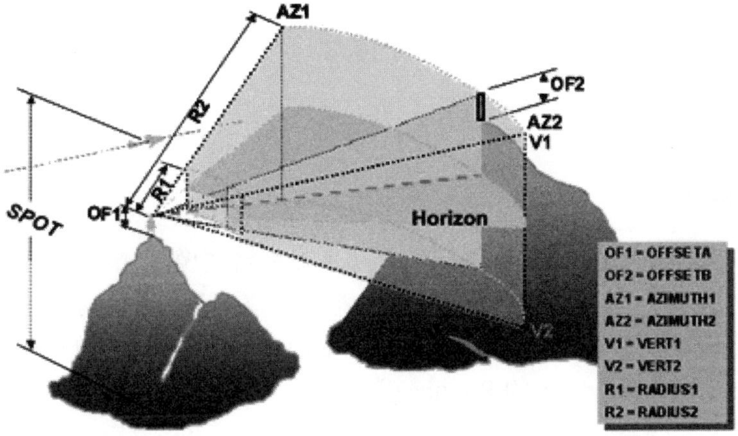

图 6-17 通视性分析参数

（4）山体阴影图

山体阴影图是根据假设太阳光的位置（包括太阳入射角和太阳高度角）计算每个栅格像元的照明值。山体阴影图可以反映地表的高低形态，因此经常用于地形图的制作。例如图 6-18 中，左图为根据默认参数生成的山体阴影图，右图为叠加了 DEM 之后的地形图。由于默认参数生成的山体阴影图往往会过于细碎，达不到理想的制图效果，本章案例 15 将会介绍一种对山体阴影图进行改进的方法。山体阴影图的地图代数表达式为：

Hillshade（in_raster，{azimuth}，{altitude}，{model_shadows}，{z_factor}）

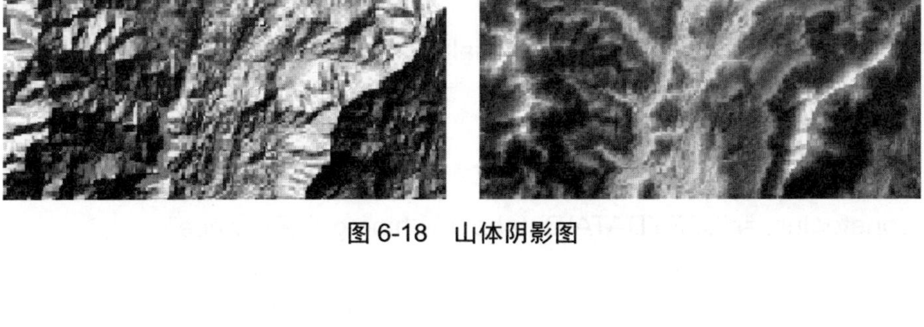

图 6-18 山体阴影图

案例 12 切分栅格

一、问题描述

本案例将演示如何按照不规则形状的多边形对栅格图像进行裁切，例如按矢量行政区划的边界将一张栅格切分为多张栅格。案例所使用的栅格数据为 PYDATA\Database\DEM 文件夹下的 Province_SRTM，确定裁切范围的矢量数据为 PYDATA\Database\China.gdb 中的 Province 数据。

二、程序处理流程

程序处理流程见图 6-19。

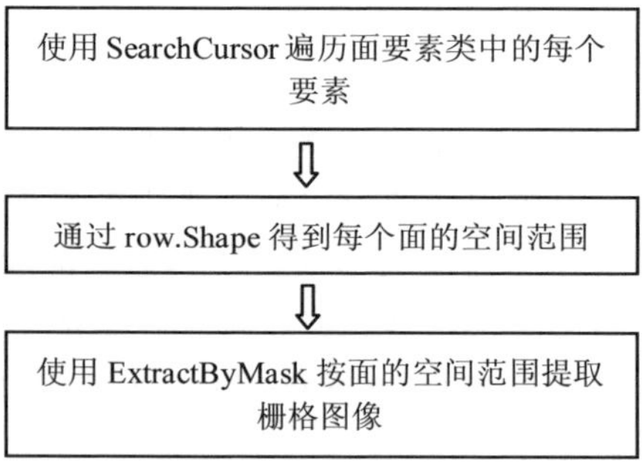

图 6-19 程序处理流程

三、完整代码

```
# -*- coding：utf-8 -*-
import arcpy
import os
arcpy.CheckOutExtension（"Spatial"）
from arcpy.sa import *
arcpy.env.overwriteOutput=True

zonefeature=r"C:\PYDATA\Database\China.gdb\Province"
```

```
zoneField="OBJECTID"
inraster=r"C:\PYDATA\Database\DEM\Province_SRTM"
outdir=r"C:\PYDATA\result"

#遍历矢量数据中的每个多边形
cur=arcpy.SearchCursor（zonefeature）
for row in cur：
    try：
            #获取多边形的空间范围
            geom=row.Shape
            outName=outdir+os.sep+"split"+str（row.getValue（zoneField））
            print outName
            #按多边形的形状提取栅格范围
            outRaster=arcpy.sa.ExtractByMask（inraster，geom）
            outRaster.save（outName）
     except Exception as e：
            print e.message
del cur，row
arcpy.CheckInExtension（"Spatial"）
```

切分栅格见图 6-20。

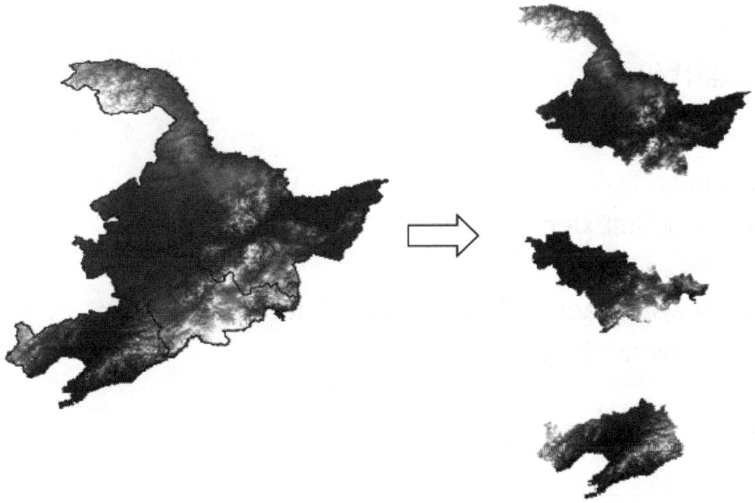

图 6-20 切分栅格

案例 13 土地利用变化分析

一、问题描述

通过比较两个不同年份的土地利用数据，得到各种用地类型的变化情况，输出土地利用转移矩阵，得出各种土地利用类型的转化去向，统计其变化的面积。本案例使用了 1995 年和 2000 年某地区的土地利用矢量数据①。

二、程序处理流程

程序处理流程见图 6-21。

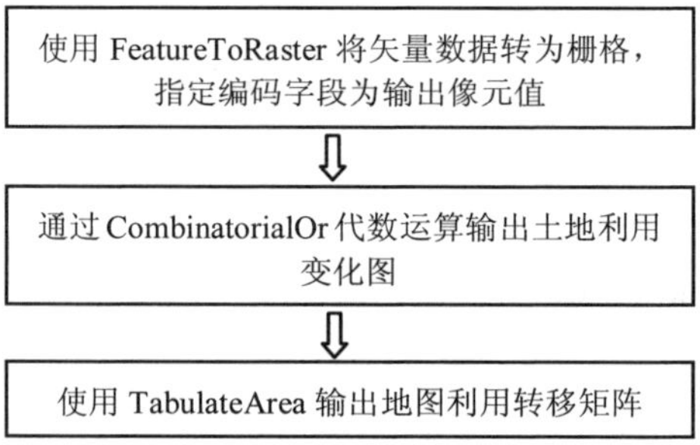

图 6-21 程序处理流程

三、完整代码

```
# -*- coding：utf-8 -*-
import arcpy
arcpy.CheckOutExtension（"spatial"）
from arcpy.sa import *
arcpy.env.workspace = "C:\\PYDATA\\Database\\Landuse"
arcpy.env.overwriteOutput=True
try：
    #将矢量数据转换为栅格
```

① 案例实验数据从中国科学院资源环境科学数据中心获取。

```
    arcpy.FeatureToRaster_conversion（"land1995.shp"，"bm"，"land1995"，100）
    arcpy.FeatureToRaster_conversion（"land2000.shp"，"bm"，"land2000"，100）
    #使用地图代数中的“联合或”运算得到土地利用变化结果
    combineor=arcpy.sa.CombinatorialOr（"land1995"，"land2000"）
    combineor.save（"chg95to2000"）
    #创建土地利用转移矩阵
    TabulateArea（"land1995"，"VALUE"，"land2000"，"VALUE"，
              "C:\\PYDATA\\Database\\Landuse\\chgtable.dbf"）
    arcpy.CheckInExtension（"spatial"）
except Exception as e：
    print e.message
```

联合运算输出的土地利用变化见图6-22。

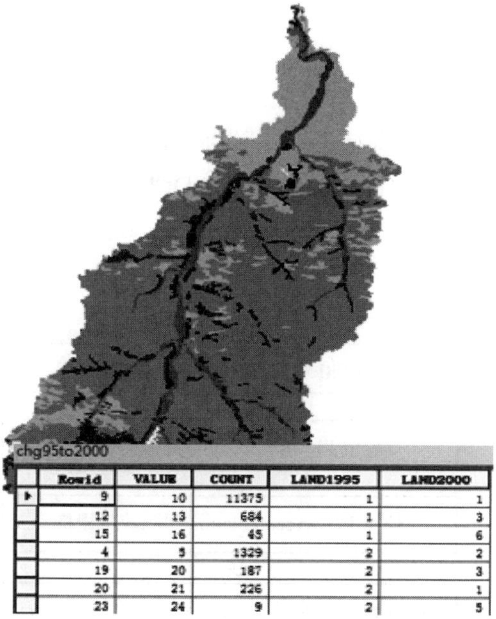
chg95to2000

Rowid	VALUE	COUNT	LAND1995	LAND2000
9	10	11375	1	1
12	13	684	1	3
15	16	45	1	6
4	5	1329	2	2
19	20	187	2	3
20	21	226	2	1
23	24	9	2	5

图6-22 联合运算输出的土地利用变化图

将输出的chgtable.dbf粘贴到Excel中，按照地类编码进行整理，得到如下的土地利用转移矩阵，转化的面积可电像元大小（本案例设置为100）乘以像元个数（COUNT）计算得到。从表6-2中可以发现未利用地发生了较大的变化，主要转换成了草地和水域，说明该地区在未利用地开发方面有较大成效。

表 6-2　土地利用转移矩阵

1995 年 \ 2000 年	耕地	林地	草地	水域	建设用地	未利用地
耕地	113 750 000	0	6 840 000	0	0	450 000
林地	2 260 000	13 290 000	1 870 000	0	90 000	0
草地	8 850 000	190 000	721 540 000	320 000	0	13 350 000
水域	440 000	0	410 000	56 730 000	0	620 000
建设用地	100 000	0	40 000	50 000	22 670 000	0
未利用地	1 590 000	0	36 470 000	2 410 000	0	172 860 000

案例 14　水系提取

一、问题描述

基于 DEM 数据对水系进行提取，并划分流域盆地（具体算法流程见本章 6.3 节）。本案例使用数据为 PYDATA\Database\DEM 文件夹下的 elevation 数据。

二、程序处理流程

程序处理流程见图 6-23。

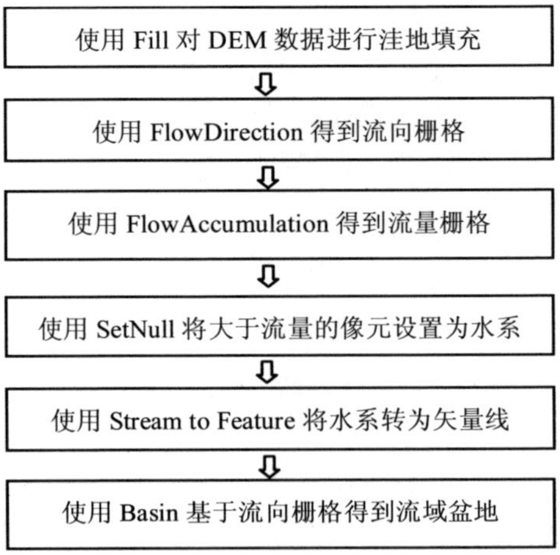

图 6-23　程序处理流程

三、完整代码

```
# -*- coding：utf-8 -*-
import arcpy
arcpy.CheckOutExtension（"spatial"）
from arcpy.sa import *
arcpy.env.workspace = "C:\\PYDATA\\result"
arcpy.env.overwriteOutput=True

indem = "C:\\PYDATA\\Database\\DEM\\elevation"
#设置阈值为 2000
expression=""""value" < 2000"""
out_stream = "C:\\PYDATA\\result\\stream.shp"

try：
    # 洼地填充
    fill_dem=arcpy.sa.Fill（indem）
    # 得到流向栅格
    flowDir=arcpy.sa.FlowDirection（fill_dem）
    # 得到流量栅格
    flowAcc=arcpy.sa.FlowAccumulation（flowDir）
    #得到栅格的河流水系
    stream_ras=arcpy.sa.SetNull（flowAcc，1，expression）
    # 将水系转换为矢量
    arcpy.sa.StreamToFeature（stream_ras，flowDir，out_stream）
    # 得到流域盆地
    out_basin=arcpy.sa.Basin（flowDir）
    out_basin.save（"C:\\PYDATA\\result\\basin"）
    arcpy.CheckInExtension（"Spatial"）
except Exception as e：
    print e.message
```

水系网络及流域盆地见图 6-24。

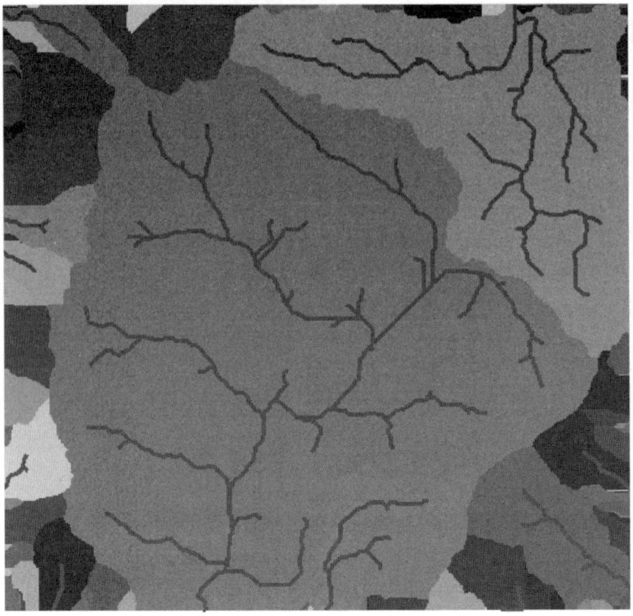

图 6-24　水系网络及流域盆地

案例 15　优化山体阴影图

一、问题描述

尽管 ArcGIS 提供了制作山体阴影图的工具，但是使用默认的参数得到的山体阴影图效果往往不理想，细碎尖锐的地形起伏会影响最终的制图效果。本案例根据 Imhof 提出的方法对山体阴影图进行优化，获得更为平滑而真实的效果。本案例使用的数据为 PYDATA\Database\DEM 文件夹下的 province_srtm 数据。

二、程序处理流程

程序处理流程见图 6-25。

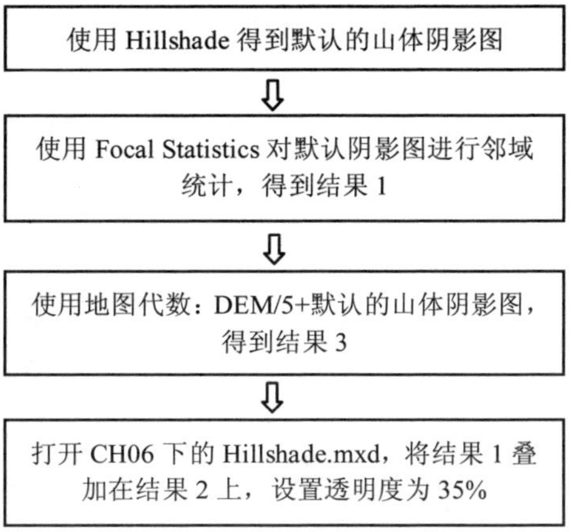

图 6-25　程序处理流程

三、完整代码

```
# -*- coding：utf-8 -*-
import arcpy
arcpy.CheckOutExtension（"spatial"）
from arcpy.sa import *
arcpy.env.workspace = "C:\\PYDATA\\Ch05"
arcpy.env.overwriteOutput=True
try：
    indem="C:\\PYDATA\\Database\\DEM\\province_srtm"
    #得到默认的山体阴影图
    default_hsd=arcpy.sa.Hillshade（indem，"315"，"45"，"NO_SHADOWS"）
    default_hsd.save（"C:\\PYDATA\\Ch05\\default_hsd"）
    #邻域统计
    filter_hsd=arcpy.sa.FocalStatistics（default_hsd，"Rectangle 4 4 CELL"，"MEDIAN"，"DATA"）
    filter_hsd.save（"C:\\PYDATA\\Ch05\\filter_hsd"）
    #模拟正射效果
    aerial_view=Raster（indem）/5+Raster（"default_hsd"）
    aerial_view.save（"C:\\PYDATA\\Ch05\\aerial_view"）
```

```
    arcpy.CheckInExtension（"spatial"）
except Exception as e：
    print e.message
```

默认的和优化后的山体阴影见图 6-26。

图 6-26 默认的（左）和优化后的（右）山体阴影图

6.5 本章小结

本章对空间分析扩展模块的主要工具集及调用方法进行了介绍，地图代数是处理栅格数据的基础和核心功能，空间分析函数最终都会交给地图代数引擎来处理。除了本章介绍的水文分析、地形分析，基于栅格数据还可以进行成本距离计算、辐射分析、空间插值等。当然，只要您掌握了本章的内容，就可以举一反三，灵活地对栅格数据进行分析。

第 7 章　空间统计

随着 GIS 应用的深入，各行业对 GIS 的需求不再局限于对数据进行存储、查询和显示，而是要进一步深入分析事物的发生、发展和变化规律，这便离不开空间统计的支持。空间统计是分析空间数据资料的统计方法。现实世界中的绝大部分事物，例如自然环境要素和社会经济要素均与其所处的空间位置有关，空间统计的目标就是认识这些与空间位置相关的数据间的空间依赖、空间关联等关系，通过空间位置建立数据间的统计关系。空间统计学依赖于 Tobler 地理学第一定律：空间上越邻近的事物拥有越强的相似程度和空间异质性，即空间位置差异造成行为的不确定。使用 GIS 的空间统计功能可以回答“居民的收入在空间上是否具有聚集特征？”“房价受到哪些地理因素的影响？”等问题。本章将介绍空间统计的基本原理，以及如何调用 ArcPy 进行空间统计分析。

7.1　空间权重矩阵

空间权重矩阵是一种显式表达要素间空间邻接关系的数据结构。空间权重矩阵通常用二维矩阵来表示，二维矩阵中第 i 行第 j 列的值表示要素 i 与要素 j 之间的空间权重。空间权重分为两种基本类型：布尔型权重和可变权重。布尔型权重是指空间权重矩阵中的值只有 0 和 1 两种。如果两个空间元素空间邻接，该值为 1，否则为 0。可变权重则根据空间邻近要素之间不同的相互作用或影响，用不同的权重值表达这种相互作用或影响的强弱程度。

ArcGIS 提供了 7 种空间关系的概念化方法来生成空间权重矩阵（见表 7-1）。

表 7-1 空间关系概念化方法

概念化方法	描述
反距离权重（Inverse distance）	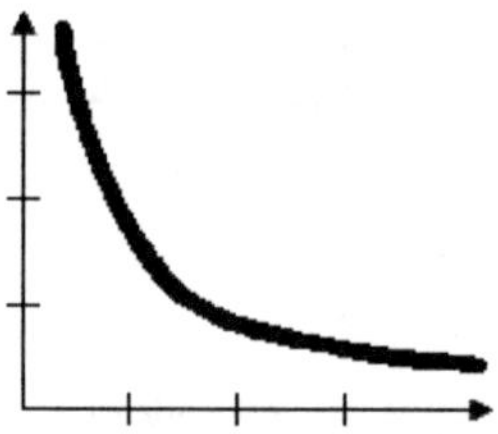 任何要素都会影响其他所有要素，但距离越远影响越小，两个要素之间的权重与其距离成反比（$1/d$）或距离平方成反比（$1/d^2$）
固定距离（Distance band）	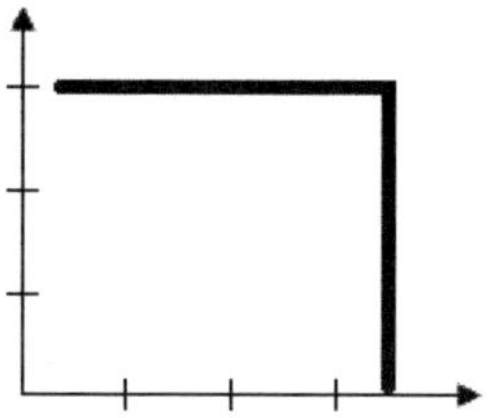 距离小于等于给定值的两个要素为空间相邻，相应空间权重为 1，距离大于给定值的两个要素空间不相邻，相应的空间权重为 0
区域差异（Zone of indifference）	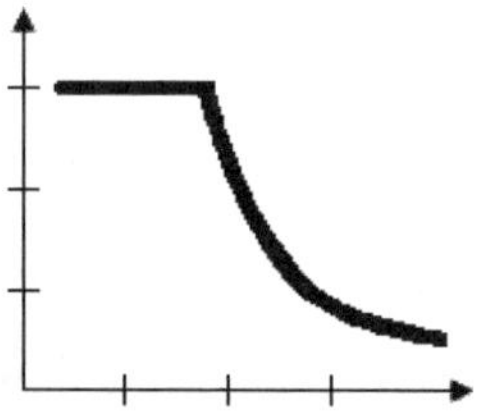 在设定距离内的两个要素，其空间权重为 1，距离大于给定值的要素权重随距离的增加而衰减
K 邻居（K nearest neighbors）	到当前观测要素距离最小的 K 个要素为其空间相邻要素。该方法可以确保每个目标要素都有一定数量的邻居，要素分布密度差异比较大时该方法尤其有优势
共享边（Polygon contiguity）	该方法适用于面要素，有两种方法可选： CONTIGUITY_EDGES_ONLY（Rook's Case）仅指具有共享边的情况； CONTIGUITY_EDGES_CORNERS（Queen's Case）包括边共享和顶点共享的情况

概念化方法	描述
狄洛尼三角网（Delaunay triangulation）	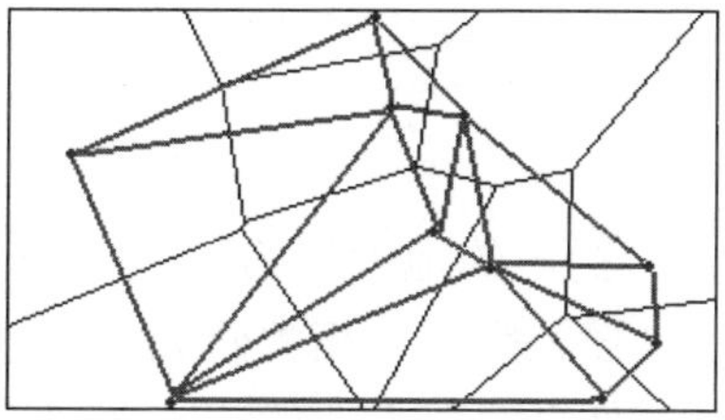 通过点要素或面要素质心创建 Voronoi 三角形，使得每个点/质心都是三角形结点，由三角形的边连接的结点被视为相邻结点，该方法可确保每个要素至少具有一个邻域
通过文件生成	可以使用创建空间权重矩阵工具（Generate Spatial Weights Matrix）或创建网络权重矩阵工具（Generate Network Spatial Weights）来生成空间权重矩阵（Spatial Weight Matrix，SWM）文件

选择哪种空间关系概念化的方法取决于要研究的对象。例如，对于连续分布的现象使用反距离法可能最适合。如果要研究通勤模式，并且已知平均上下班路程为 15 千米，那么应该选择使用固定距离法。假如要研究某些分布密度差异比较大的现象，使用固定距离法可能会出现某些要素邻居过多，而某些又过少的情况，这时候选择 K 邻居法会避免这种情况。

对于空间距离的计算方法，ArcGIS 提供了两种方法：欧几里得距离和曼哈顿距离（见图 7-1）。欧几里得距离的计算公式如下：

$$D=\sqrt{(x_1-x_2)^2+(y_1-y_2)^2}$$

曼哈顿距离的计算公式如下：

$$D=|x_1-x_2|+|y_1-y_2|$$

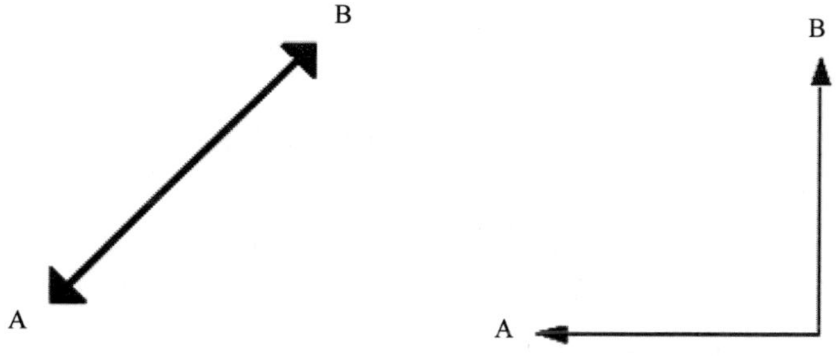

图 7-1 欧几里得距离（左）与曼哈顿距离（右）

7.2　空间自相关分析

Tobler（1970）提出的地理学第一定律指出：任何事物都是相关的，但距离更近的东西相关性更强。空间自相关研究正是建立在此理论基础上的，分析不同观测点在某一属性上是否存在潜在的相互依赖关系及其相关程度。这种不同位置上的数据间相互依赖的现象通常被称为空间依赖。空间自相关分析可用于解释事物在空间上的聚集/分散特征，回答诸如“房屋的价格是否与其周围房屋的价格相关？”“空间邻近的居民之间收入是否接近？”此类问题，并能够利用这种空间依赖对空间要素进行插值和预测。目前最常用的空间自相关分析方法主要包括两种：①全局型自相关，如 Moran's I、Geary's C 等；②局部型自相关，如 LISA（Local Indicators of Spatial Association）等。

Moran's I 是 Moran，P. A. P. 于 1950 年提出的空间自相关度量指标。该指标通过度量观测区域中每个观测点与其周围邻居观测点的观测值之间的差异来评价该观测区域是否具有空间自相关特征。该值介于-1 和 1 之间，越接近-1 表示该观测区域内空间自相关为负，即观测点与其周围邻居观测值差异较大，呈现出空间离散的状态。1 表示该观测区域内空间自相关为正，即观测点与其周围邻居观测值差异较小。若该值在 0 附近，表示该观测区域内观测值随机分布。如图 7-2 所示。

Moran's I=-1　　Moran's I≈0　　Moran's I≈1

图 7-2　Moran's I 空间自相关

图 7-2 左边的图中，所有黑色方块的空间 4 邻居均为白色方块，同时白色方块的空间 4 邻居均为黑色方块，说明观测点和周围邻居差异很大。这种情况下度量所得的 Moran's I 非常接近-1，表示该观测区域观测值呈空间离散状分布。中间图中，黑色方块和白色方块的分布没有明显规律，黑色方块的空间 4 邻居中既有

黑色方块又有白色方块。这种情况下度量所得的 Moran's I 非常接近 0，表示该观测区域观测值呈空间随机分布。右图中，绝大部分方块的空间 4 邻居为其同色方块，说明观测点和其周围邻居差异很小。这种情况下度量所得 Moran's I 非常接近 1，表示该观测区域观测值呈现出空间聚集特征。

Moran's I 的计算公式如下：

$$I = \frac{n}{\sum_{i=1}^{n}\sum_{j=1}^{n} w_{ij}} \frac{\sum_{i=1}^{n}\sum_{j=1}^{n} w_{ij}\left(x_i - \bar{x}\right)\left(x_j - \bar{x}\right)}{\sum_{i=1}^{n}\left(x_i - \bar{x}\right)^2}$$

空间自相关分析的结论不能仅通过 Moran's I 获得，还需要进一步结合统计值 p-value 和 z-score 来对结果进行判读。

p-value 和 z-score 的概念均来自统计学，大多数统计检验首先要确定一个零假设，p-value 和 z-score 的值用来判断是否可以拒绝零假设。在空间统计中，最常用的零假设是完全空间随机，表示在观测区域内要素本身的空间分布是随机的，并没有显著的规律性。空间统计工具所得的 p-value 和 z-score 用来判断是否可以拒绝空间随机这一零假设，即判断观测区域内的空间要素是否呈显著的聚集或者离散。如果该要素呈现显著聚集的空间结构，就说明潜在的空间过程在发挥作用，需要引起特别的关注。

具体而言，p-value 表示概率，表示所观测到的要素空间分布模式产生自随机过程的概率。当 p-value 很小时，意味着观测要素的空间分布模式产生自随机过程的概率很小（小概率事件），因此可以拒绝零假设，即要素的分布不是空间随机的。

z-score 是标准差的倍数。置信度为 95%时，z-score 的临界值为±1.96，同时与其关联的 p-value 为 0.05。如果 z-score 在（−1.96，1.96）且 p-value>0.05，将不能拒绝零假设，即该要素的空间分布模式产生自随机过程的概率很大。假如通过计算得到的 z-score 的值为 12.96，p-value 约为 0，说明所观测到的空间模式产生自随机过程的概率很小，可以拒绝零假设，即要素的空间分布不是随机的。结合 Moran's I 的判定结果（Moran's I>0）可以得出结论：该要素具有显著空间聚集特征。

7.3 回归分析

在很多自然和社会经济研究中，人们不仅要发现自然和社会经济现象规律与其所在地理位置之间的关系，回答诸如“哪些地区犯罪发生率较高？哪些地区是特定疾病的高发地区？哪些地区房价较高？”等问题，更要揭示产生这种现象的原因。这时便可以采用回归分析的方法来解决现象与原因之间的关系问题。回归分析是用于确定两种或两种以上变量间相互依赖的定量关系的一种统计分析方法。该方法基于观测数据来建立变量之间的依赖关系，从而发现数据内在的规律，并利用该规律进行插值、预报和控制等，是应用极为广泛的数据分析方法之一。

我们可以通过最简单的二元线性回归来了解回归分析的原理。二元线性回归是一种研究 x，y 两个变量（如犯罪和收入水平）之间相关关系的一种方法，根据收集到的已知数据可以绘制出（x，y）点对的散点图，通过散点图可判断出 x 和 y 变量之间是否具有相关关系。如图 7-3 中左图显示的是正相关的关系，即 y 的变化随着 x 的增大而增大，随 x 的减小而减小，中间的图显示的是负相关的关系，而右图则显示二者之间不具有相关关系。

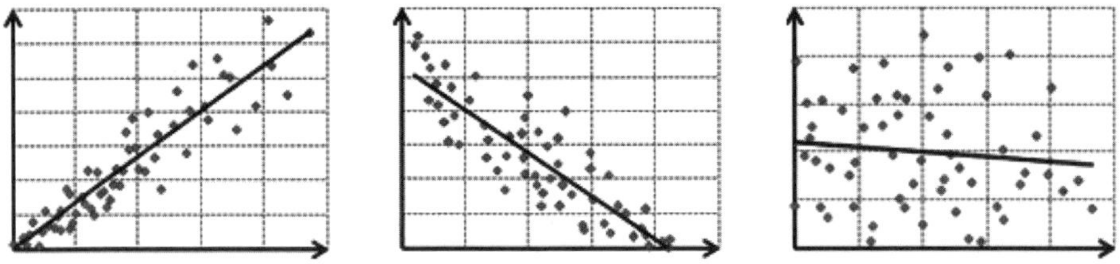

图 7-3 正相关、负相关与不相关的散点图

对于具有相关关系的情况，可以用一个直线方程来拟合，即：

$$y = \alpha + \beta x$$

如果考虑到误差，方程可以表示为：

$$y = \alpha + \beta x + \mu$$

式中 x 可以称为自变量、原因变量或解释变量，y 称为因变量、结果变量或被解释变量，α 称为回归常数，β 为回归系数，通过 β 可判断出是正相关还是负相关以及相关程度，μ 称为随机误差项。通过回归方程可以根据 x 的值预测出 y 的值。

ArcGIS 用普通最小二乘法（Ordinary Least Squares，OLS）和地理加权回归（Geographically Weighted Regression，GWR）两种方法来实现回归分析。

7.3.1 普通最小二乘法

普通最小二乘法是回归分析的基本方法，其原则是所找到的最优拟合直线方程应该使各点到直线的距离和最小，或者说真实值和拟合值之间残差的平方和最小。其中拟合优度可用 R^2 来表示，计算公式如下：

$$R^2 = \frac{\mathrm{SSE}}{\mathrm{SST}} = \frac{\mathrm{SST} - \mathrm{S_6R}}{\mathrm{SST}} = 1 - \frac{\mathrm{SSR}}{\mathrm{SST}}$$

式中 SST（total sum of suqares）称为总平方和，度量总样本 y_i 的波动：

$$\mathrm{SST} = \sum_{i=1}^{n}\left(y_i - \bar{y}\right)^2$$

SSE（explained sum of squares）称为解释平方和，度量拟合值 $\widehat{y_l}$ 的波动：

$$\mathrm{SSE} = \sum_{i=1}^{n}\left(\widehat{y_l} - \bar{y}\right)^2$$

SSR（residual sum of squares）称为残差平方和，度量残差 u_i 的波动：

$$\mathrm{SSR} = \sum_{i=1}^{n} u_i^{\ 2}$$

R^2 的值在[0，1]之间，值越大说明回归方程拟合程度越好。通过考察 R^2 的值可以粗略地看出回归方程的好坏。

普通最小二乘法的要求输入具有唯一 ID 标识的要素类，输出要素类中包含拟合值以及残差，结果除了可以生成 pdf 报表文件外还可以选择输出系数表格和回归模型诊断表格。普通最小二乘法工具见图 7-4。

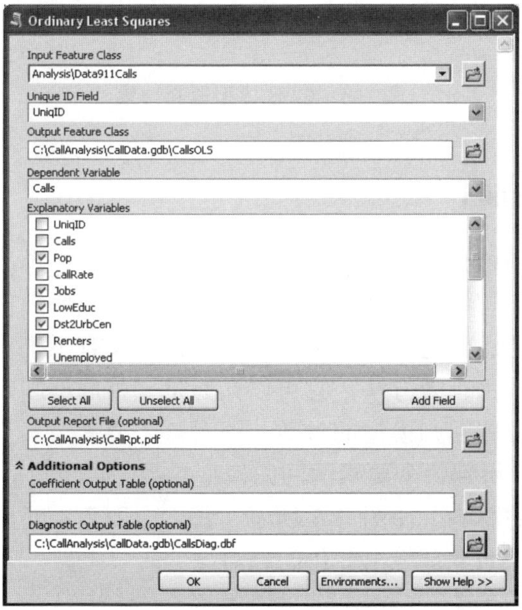

图 7-4　普通最小二乘法工具

普通最小二乘法诊断结果如图 7-5 所示，可以在诊断结果中查看各自变量的回归系数，表明拟合优度的多重 R^2 和校正 R^2 的值。另外诊断结果还包括表明模型显著性的联合 F 统计量和联合卡方，以及 Koenker（BP）统计等。其中 BP 统计用来验证模型是否是平稳的，如果 BP 统计结果显著（置信度为 95%的情况下 p 值小于 0.05），则表明模型具有非平稳性，自变量和因变量在数据空间和地理空间中不具有一致性的关系，其相关系数会随着地理位置的变化而变化。对于这样的情况，适合使用地理加权回归进行分析。

Summary of OLS Results

Variable	Coefficient	StdError	t-Statistic	Probability	Robust_SE	Robust_t	Robust_Pr	VIF
Intercept	15.768546	3.693802	4.268920	0.000055*	3.537938	4.456988	0.000028*	-------
POP	0.005495	0.001468	3.742836	0.000341*	0.001716	3.202300	0.001946*	1.73393
JOBS	0.004062	0.000599	6.778749	0.000000*	0.000814	4.987897	0.000004*	1.17677
LOWEDUC	0.104237	0.012863	8.103607	0.000000*	0.017798	5.856599	0.000000*	1.72706
DST2URBCEN	-0.001734	0.000272	-6.381896	0.000000*	0.000245	-7.089348	0.000000*	1.13547

OLS Diagnostics

Input Features:	Data911Calls	Dependent Variable:	CALLS
Number of Observations:	87	Akaike's Information Criterion (AICc) [d]:	683.470629
Multiple R-Squared [d]:	0.838936	Adjusted R-Squared [d]:	0.831080
Joint F-Statistic [e]:	106.778882	Prob(>F), (4,82) degrees of freedom:	0.000000*
Joint Wald Statistic [e]:	224.669428	Prob(>chi-squared), (4) degrees of freedom:	0.000000*
Koenker (BP) Statistic [f]:	15.873747	Prob(>chi-squared), (4) degrees of freedom:	0.003193*
Jarque-Bera Statistic [g]:	0.342521	Prob(>chi-squared), (2) degrees of freedom:	0.842602

图 7-5　OLS 模型诊断结果

7.3.2　地理加权回归

由于许多自然和社会经济现象在空间上相互依赖，一个地区空间单元上的某种现象或某一属性值与邻近地区空间单元上同一现象或属性值往往是相关的，这种空间上的依赖会造成普通最小二乘法得到的模型具有不平稳性。地理加权回归正是解决该问题的一种有效方法，它可以认为是一种局部回归算法，其核心思想是分别为每个要素设置回归模型的参数，即对每个要素与其空间邻居要素之间的关系进行统计分析，得到每个要素的回归模型参数（如回归系数等），从而降低空间依赖对统计结果的影响。如图 7-6 所示，每一个要素都对应一个回归方程，各要素的回归系数在空间上呈现出变化的趋势。

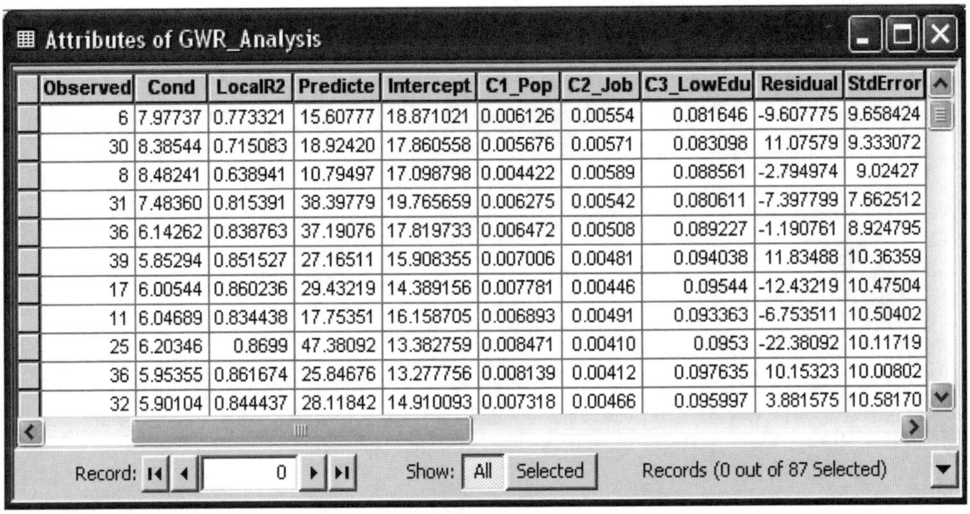

Observed	Cond	LocalR2	Predicte	Intercept	C1_Pop	C2_Job	C3_LowEdu	Residual	StdError
6	7.97737	0.773321	15.60777	18.871021	0.006126	0.00554	0.081646	-9.607775	9.658424
30	8.38544	0.715083	18.92420	17.860558	0.005676	0.00571	0.083098	11.07579	9.333072
8	8.48241	0.638941	10.79497	17.098798	0.004422	0.00589	0.088561	-2.794974	9.02427
31	7.48360	0.815391	38.39779	19.765659	0.006275	0.00542	0.080611	-7.397799	7.662512
36	6.14262	0.838763	37.19076	17.819733	0.006472	0.00508	0.089227	-1.190761	8.924795
39	5.85294	0.851527	27.16511	15.908355	0.007006	0.00481	0.094038	11.83488	10.36359
17	6.00544	0.860236	29.43219	14.389156	0.007781	0.00446	0.09544	-12.43219	10.47504
11	6.04689	0.834438	17.75351	16.158705	0.006893	0.00491	0.093363	-6.753511	10.50402
25	6.20346	0.8699	47.38092	13.382759	0.008471	0.00410	0.0953	-22.38092	10.11719
36	5.95355	0.861674	25.84676	13.277756	0.008139	0.00412	0.097635	10.15323	10.00802
32	5.90104	0.844437	28.11842	14.910093	0.007318	0.00466	0.095997	3.881575	10.58170

图 7-6 地理加权回归输出结果

因此，相较于普通回归模型而言，地理加权回归法更适用于存在空间依赖关系的自然和社会经济现象的统计分析。如利用降水等自然现象的空间依赖特征对数据缺失地区（如偏远山区等雨量季短缺地区）的降水量进行插值和预测，或分析特定疾病在某些地区高发的现象是否受到当地一些自然环境因素的影响，或研究房价受到哪些自然和社会因素的影响等。

7.4 热点分析

热点分析是一种空间聚类探测方法，通过热点分析可以识别出空间要素有统计显著性的高值区域（Hot Spot，即热点）和低值区域（Cold Spot，即冷点）（见图 7-7）。热点分析能够定量化回答诸如“犯罪事件的高发地区是哪儿？”“某疾病爆发的高峰地区是哪儿？”“城市中交通最拥堵的地区是哪儿？”“城市中公共交通使用频率远低于预期值的地区是哪儿（冷点）？”等问题，是 GIS 分析人员最常用的工具之一。

热点分析通常用于比较研究区域内要素空间分布与零假设（随机分布）之间的差异。差异越大说明该局部区域内该现象产生自随机过程的概率越低，即很可能受到特定地理过程的影响从而呈现空间聚集现象。热点分析所识别出的这种差异较大的地区往往是值得研究人员重点关注的区域。

图 7-7 热点分析结果

ArcGIS 中的热点分析工具通过给定一组加权要素，使用 Getis-Ord Gi*统计识别出具有统计显著性的热点和冷点。该工具通过对数据集中的每一个要素进行 Getis-Ord Gi*统计，得到 z-score 和 p-value（z-score 和 p-value 含义见前文“空间自相关”节相关介绍）。一个高的正 z-score 和一个低的 p-value 指示该区域是高值聚集区（即热点）。一个较低的负 z-score 和一个低的 p-value 指示该区域是低值聚集区（即冷点）。需要特别注意的是，个体要素的高值虽然容易引起注意，但如果只有一个孤立的高值，并不是具有显著统计学意义的热点。本工具识别出的具有显著统计学意义的热点，不仅要素自身具有高值，而且要被其他同样具有高值的要素所包围。因此，该工具在计算热点时，需要将个体要素及其相邻要素的局部总和与所有要素的总和进行比较：当局部总和的真实值与预期值有很大差异时，说明该结果并不是由随机过程造成的。此时会产生一个具有显著统计学意义的 z-score。热点分析的计算公式如下：

$$G_i^* = \frac{\sum_{j=1}^{n} w_{i,j}x_j - \overline{X}\sum_{j=1}^{n} w_{i,j}}{S\sqrt{\frac{\left[n\sum_{j=1}^{n} w_{i,j}^2 - \left(\sum_{j=1}^{n} w_{i,j}\right)^2\right]}{n-1}}}$$

式中 x_j 是要素 j 的属性值，$w_{i,j}$ 是要素 i 和 j 之间的空间权重，n 为要素总数，且：

$$\overline{X} = \frac{\sum_{j=1}^{n} x_j}{n}$$

$$S = \sqrt{\frac{\sum_{j=1}^{n} -x_j^2}{n} - \left(\overline{X}\right)^2}$$

注：热点分析与核密度图（Kernel density map）的差异：

核密度图作为一种常用的可视化热点识别工具，具有十分广泛的应用。热点分析与核密度图的区别在于，热点分析所得的热点结果比核密度图所得结果更加定量化。核密度图中，具有多少个热点，以及热点的边界位置等较为主观，需要分析人员自行定义。而热点分析所得的结果更为精确，具有明确的热点数目、边界等。

案例 16　空间权重矩阵生成

一、问题描述

生成美国加州各郡县之间的空间权重矩阵。本案例使用的数据为 PYDATA\Database\ca 文件夹下的 ca_counties.shp。

二、程序处理流程

程序处理流程见图 7-8。

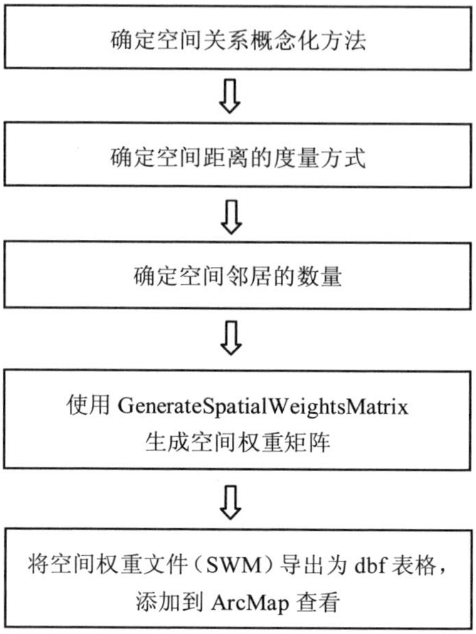

图 7-8　程序处理流程

三、参数设置

（1）本案例选择“K 邻居”作为空间关系的概念化方法；
（2）本案例选择“欧氏距离”作为空间距离的度量方式；
（3）本案例设空间邻居数目为“8”。

四、完整代码

```
# -*- coding：utf-8 -*-
import arcpy
arcpy.gp.overwriteOutput = True
arcpy.env.workspace = "C:\\pydata\\ca\\ca_counties"
fc = "ca_counties.shp"
```

```
try：
    arcpy.workspace = arcpy.env.workspace
    #生成权重矩阵
    swm = arcpy.GenerateSpatialWeightsMatrix_stats（fc，"ID"，
                                  "euclidean8Neighs.swm"，
                                  "K_NEAREST_NEIGHBORS"，
                                  "EUCLIDEAN"，"#"，"#"，8，
                                  "NO_STANDARDIZATION"）
except：
    print arcpy.GetMessages（）
```

由 ArcGIS 生成的空间权重矩阵通常保存为 SWM 文件。该文件不能直接在 ArcMap 中查看。用户可将 ArcGIS 生成的 SWM 文件输出为 dbf 表格以便直接查看。示例代码如下：

```
# -*- coding：utf-8 -*-
import arcpy
arcpy.gp.overwriteOutput = True
arcpy.env.workspace ="C:\\pydata\\ca\\ca_counties"
try：
    arcpy.workspace = arcpy.env.workspace
    #将权重矩阵文件转为表格文件
    dbf          =          arcpy.ConvertSpatialWeightsMatrixtoTable_stats
（"euclidean8Neighs. swm"，
                                  "euclidean8Neighs.dbf"）
except：
    print arcpy.GetMessages（）
```

所得 dbf 文件可以在 ArcMap 中打开查看。

从图 7-9 中可以看到，依据设置的空间权重生成规则，ID 为“1”的要素有 8 个空间邻居，这 8 个空间邻居的 ID 分别为“7，43，41，38，44，48，39，50”。

在地图上展示的结果见图 7-10。

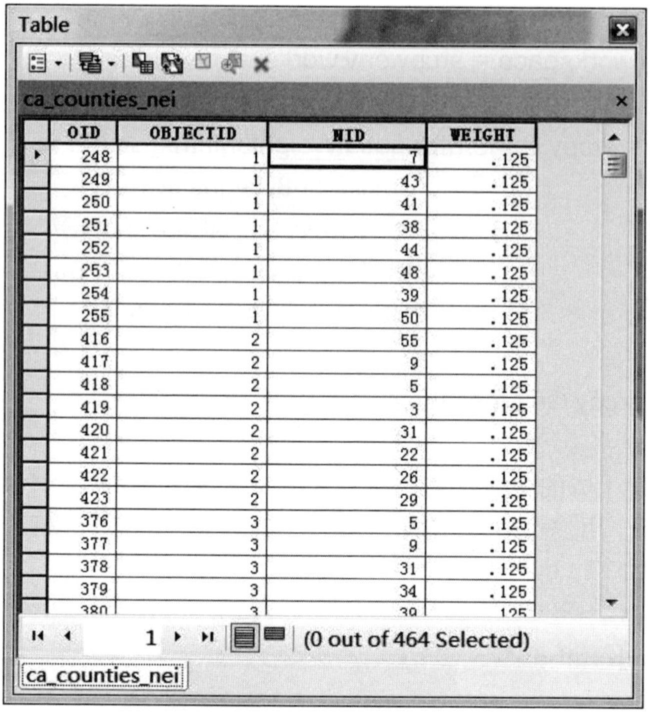

OID	OBJECTID	NID	WEIGHT
248	1	7	.125
249	1	43	.125
250	1	41	.125
251	1	38	.125
252	1	44	.125
253	1	48	.125
254	1	39	.125
255	1	50	.125
416	2	55	.125
417	2	9	.125
418	2	5	.125
419	2	3	.125
420	2	31	.125
421	2	22	.125
422	2	26	.125
423	2	29	.125
376	3	5	.125
377	3	9	.125
378	3	31	.125
379	3	34	.125
380	3	39	.125

图 7-9　空间权重表

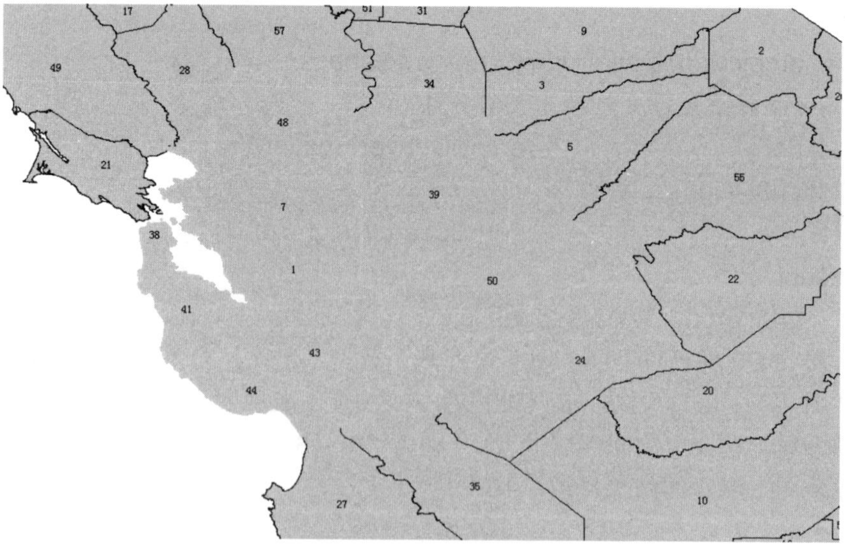

图 7-10　空间邻居分布

案例 17 教育与收入的空间自相关分析

一、问题描述

分析美国加州各郡县人口数量的空间自相关现象。本案例使用的数据为 PYDATA\Database\ca 文件夹下的 ca_counties.shp。

二、程序处理流程

程序处理流程见图 7-11。

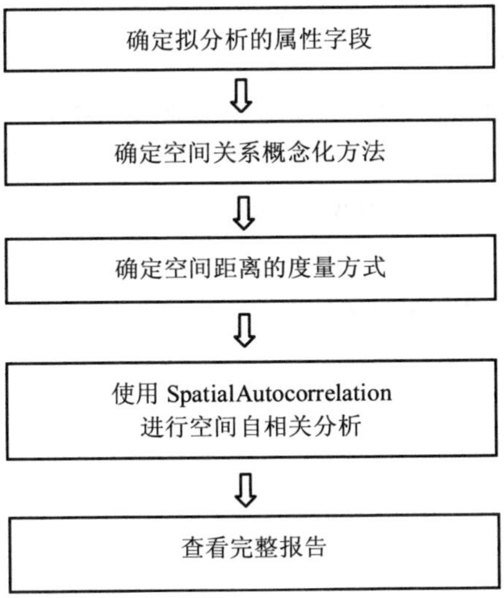

图 7-11 程序处理流程

需要特别注意的是，要素之间的距离计算依赖于数据精度，因此应当首先对地图数据进行投影，以获得更准确的结果。

三、参数设置

（1）本案例选择人口数量（POP2007）为拟分析的空间要素的属性字段；

（2）本案例选择“反距离加权”为空间关系概念化方法；

（3）本案例选择“欧氏距离”为空间距离度量方式。

四、完整代码

```
# -*- coding：utf-8 -*-
import arcpy
arcpy.gp.overwriteOutput = True
arcpy.env.workspace = "C:\\pydata\\ca\\ca_counties"

fc = "ca_counties.shp"

try：

    arcpy.workspace = arcpy.env.workspace
    #执行空间自相关分析
    moransI = arcpy.SpatialAutocorrelation_stats（fc，"POP2007",
                        " GENERATE_REPORT", "INVERSE_DISTANCE",
                        "EUCLIDEAN_DISTANCE"，"None"，"#",
                        "#"）
    MSG = arcpy.GetMessages（）
    print MSG

except：
    print arcpy.GetMessages（）
```

输出结果：

Executing ： SpatialAutocorrelation C:\data\ca_counties\ca_counties.shp POP2007 NO_REPORT INVERSE_DISTANCE EUCLIDEAN_DISTANCE NONE # #

Start Time：Mon Jan 12 16：28：23 2015

Running script SpatialAutocorrelation...

Global Moran's I Summary

Moran's Index：0.119301

Expected Index：-0.017544

Variance：   0.001306

z-score：　3.786436
p-value：　0.000153
Writing html report....
C:\Users\User\AppData\Local\Temp\MoransI_Result.html
Completed script SpatialAutocorrelation...
Succeeded at Mon Jan 12 16：28：24 2015（Elapsed Time：1.00 seconds）

其中，完整的结果报告为"C:\Users\User\AppData\Local\Temp\MoransI_Result.html"。打开该文件可以看到，arcpy 中的空间自相关分析除了计算 Moran's I 的值之外，还对该属性是否具有空间自相关特征进行了刻画。本案例计算结果见图 7-12（彩图 3）。

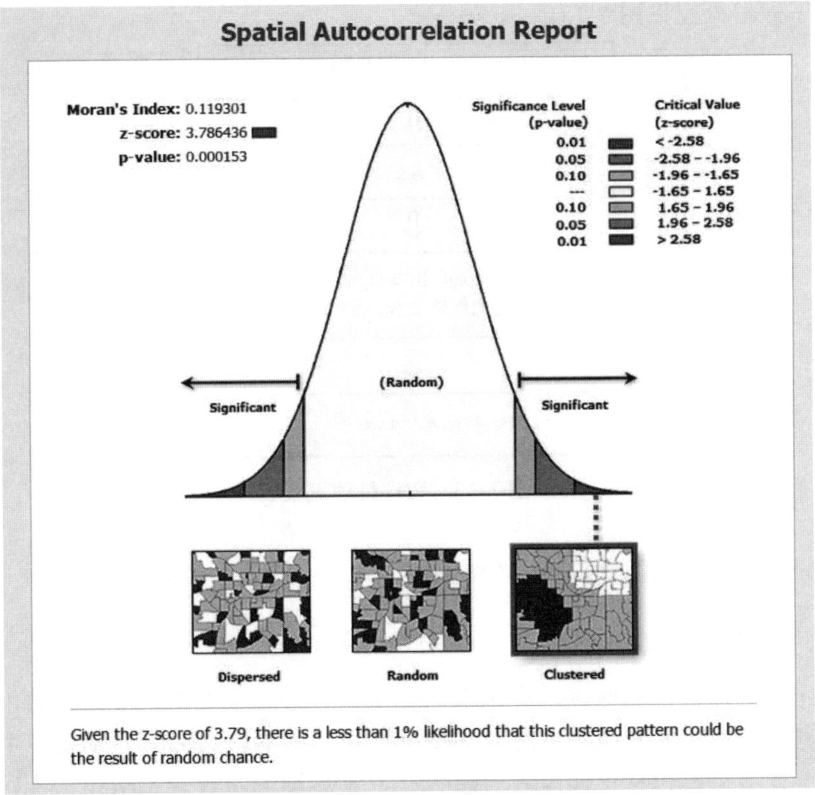

图 7-12　空间自相关输出结果

从图 7-12 的结果可以判断，加州各郡县人口数量呈显著空间自相关。即空间距离越接近的郡县人口数量也越接近。

案例 18 影响房价因素的地理加权回归分析

一、问题描述

利用地理加权回归法分析影响美国加州各郡县平均家庭人口数的主要因素。本案例使用的数据为 PYDATA\Database\ca 文件夹下的 ca_counties.shp。

二、程序处理流程

程序处理流程见图 7-13。

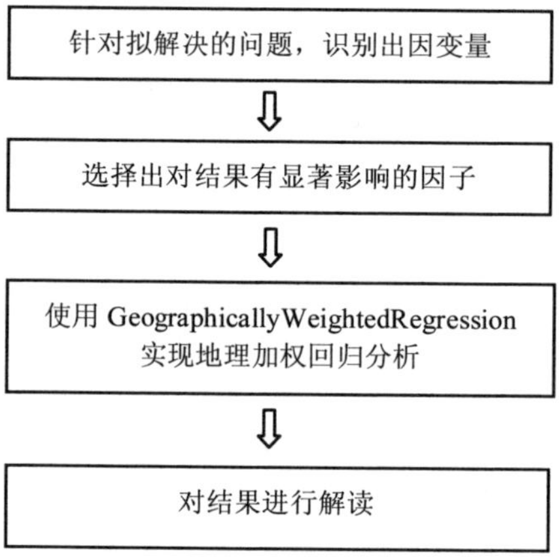

图 7-13 程序处理流程

具体地，该流程包含以下几个步骤：

1. 变量描述

首先针对拟解决的问题，识别出因变量。本案例中因变量为美国加州各郡县平均家庭人口数。其次找出可能对因变量产生影响的多种因素。本案例主要考虑了人口统计数据，包括该地区人口总数、各年龄层人口数分布结构、各种族人口数分布结构。

2. 特征选择

对初步分析所得的可能存在影响的多个因素进行筛选，识别出对家庭人口数目具有显著影响的因素。本案例通过不同因子之间组合分析选择了两个因素作为自变量：人口总数和南美裔人口数。

3．地理加权回归

使用 Arcpy 中的 GeographicallyWeightedRegression_stats 功能实现地理加权回归。

4．结果分析

使用 Arcpy 中的 SpatialAutocorrelation_stats 功能分析地理加权回归残差的空间自相关性，用于评价地理加权回归结果。

三、完整代码

```
# -*- coding：utf-8 -*-
import arcpy
arcpy.gp.overwriteOutput = True
arcpy.env.workspace = "C:\\pydata\\ca\\ca_counties"

fc = "ca_counties.shp"

try：

    arcpy.workspace = arcpy.env.workspace
    #地理加权回归
    gwr = arcpy.GeographicallyWeightedRegression_stats（fc，"AVE_HH_SZ"，
        "POP2007；HISPANIC"，"CA_GWR.shp"，
        "ADAPTIVE"，"AICc"）
    MSG = arcpy.GetMessages（）
    print MSG

    # 对残差进行空间自相关分析
    Residualfc = "ca_GWR.shp"
    moransI = arcpy.SpatialAutocorrelation_stats（Residualfc, "Residual"，
                        "GENERATE_REPORT"                    ，
"INVERSE_DISTANCE"，
```

```
                              "EUCLIDEAN_DISTANCE", "None", "#",
                              "#")

        MSG = arcpy.GetMessages()
        print MSG

    except:
        print arcpy.GetMessages()
```

输出结果：

Executing： GeographicallyWeightedRegression C:\data\ca_counties\ca_counties. shp AVE_HH_SZ POP2007；HISPANIC C:\data\ca_counties\CA_ GWR. shp ADAPTIVE AICc # 30 # # 3.79014479719999E-02 # # #

Start Time：Thu Jun 11 12：09：25 2015

Neighbors : 40

ResidualSquares : 2.6730313291212107

EffectiveNumber : 9.8788328418169531

Sigma : 0.2356860881924274

AICc : 7.7441471251715353

R2 : 0.50994001759057395

R2Adjusted : 0.41951908802388249

Succeeded at Thu Jun 11 12：09：26 2015（Elapsed Time：1.00 seconds）

Executing：SpatialAutocorrelation C:\data\ca_counties\ca_GWR.shp Residual GENERATE_REPORT INVERSE_DISTANCE EUCLIDEAN_DISTANCE NONE # #

Start Time：Thu Jun 11 12：09：26 2015

Running script SpatialAutocorrelation...

WARNING 000916：The input feature class does not appear to contain projected data.

WARNING 000981：The INVERSE_DISTANCE conceptualization of spatial relationships is inappropriate for data measured in a Geographic Coordinate System.

WARNING 000853：The default neighborhood search threshold was 1.41999650655796.

Global Moran's I Summary

Moran's Index：0.019163
Expected Index：-0.017544
Variance：   0.002424
z-score：   0.745558
p-value：   0.455935
Completed script SpatialAutocorrelation...
Succeeded at Thu Jun 11 12：09：27 2015（Elapsed Time：1.00 seconds）

其中，GWR 分析的输出结果解释为：

① Neighbors：指用于各个局部估计的相邻点数目。该数目能够控制模型的平滑程度。本案例中采用 AICc（修正的 Akaike 信息准则）来选择相邻点的数目。

② ResidualSquares：指模型分析结果残差的平方和（残差为观测所得 y 值与 GWR 模型所返回的 y 值估计值之间的差值）。此测量值越小说明 GWR 模型的拟合效果越好。

③ EffectiveNumber：此值反映了拟合值的方差与系数估计值的偏差之间的权衡结果。该值与相邻点数目的选择有关。当相邻点数目接近无穷大时，每个观测值的地理权重都将接近 1，系数估计值与全局 OLS 模型计算所得的值将非常接近，局部系数估计值将具有较小的方差，但偏差将非常大。相反，相邻点数目很小时，每个观测值的地理权重都将接近零（回归点本身除外），局部系数估计值将具有较大方差，但偏差较低。

④ Sigma：此值为正规化剩余平方和（剩余平方和除以残差的有效自由度）的平方根。它是残差的估计标准差。此统计值越小越好。Sigma 用于 AICc 计算。

⑤ AICc：这是模型性能的一种度量，有助于比较不同的回归模型。考虑到模型复杂性，具有较低 AICc 值的模型能更好地拟合观测数据。

⑥ R^2：R 平方是拟合度的一种度量。其值在 0.0～1.0 范围内变化，值越大说明拟合效果越好。

⑦ R^2Adjusted：校正的 R 平方值的计算将按分子和分母的自由度对它们进行正规化。这具有对模型中变量数进行补偿的效果，因此校正的 R^2 值通常小于 R^2 值。

案例所得到结果 ca_GWR.shp 的残差分析如图 7-14（彩图 4）所示。

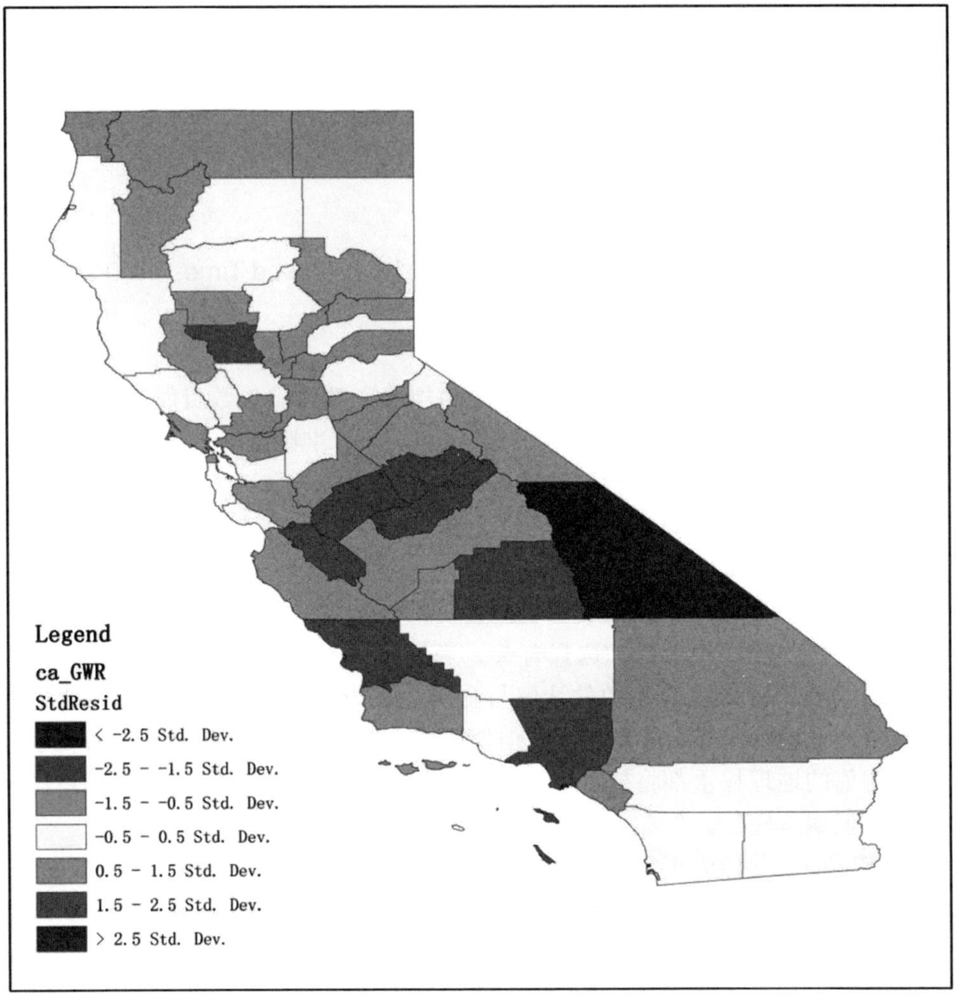

图 7-14 输出残差示意图

图 7-14 中红色代表预测值偏高，蓝色代表预测值较低。若预测结果偏高的要素或预测结果偏低的要素呈现出空间聚集，说明缺少关键解释变量，即该模型因子选择有误。需要结合残差空间自相关报告进行定量化分析。空间自相关分析完整的结果报告为："C:\Users\User\AppData\Local\Temp\MoransI_Result.html”。本案例中地理加权回归残差分析结果如图 7-15（彩图 5）所示。

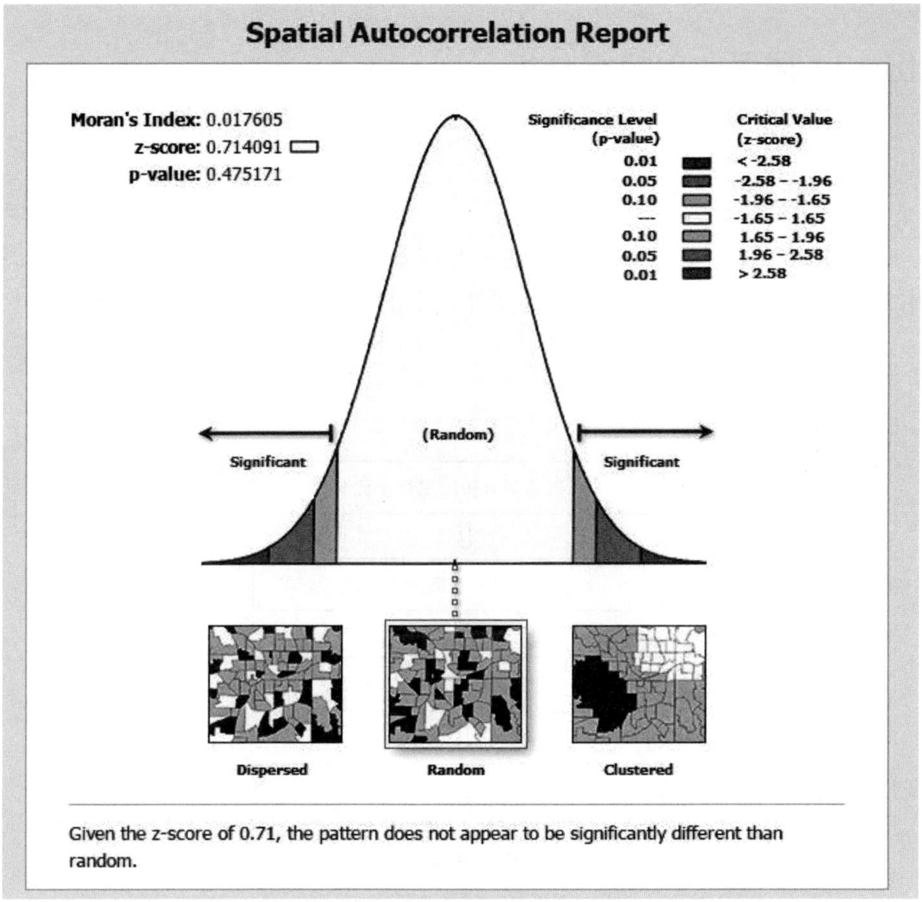

图 7-15 空间自相关输出结果

根据 z-score 的值可以判断出残差呈离散分布。说明预测结果偏高的要素或预测结果偏低的要素呈现出空间离散，说明选择的因子对因变量具有一定的可解释性。

综合以上结果，采用地理加权回归分析美国加州各郡县平均家庭人口数与人口总数以及南美裔人口数之间的关系，其相关系数为 0.5，且残差呈离散分布，说明本方法捕捉到了美国加州各郡县平均家庭人口数与人口总数和南美裔人口数之间的空间统计上的关系，进一步的解释可以留给相关人员去深入研究。

案例 19　居民收入热点分析

一、问题描述

利用热点分析工具来识别美国加州各郡县亚裔人口居住的热点地区。本案例使用的数据为 PYDATA\Database\ca 文件夹下的 ca_counties.shp。

二、程序处理流程

程序处理流程见图 7-16。

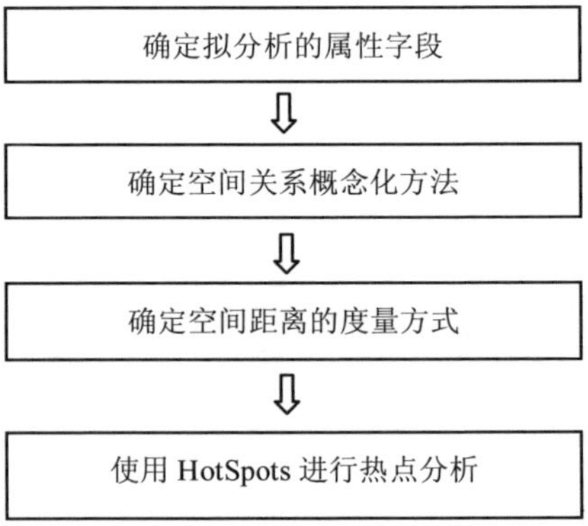

图 7-16　程序处理流程

三、参数设置

（1）本案例选择亚裔人口（ASIAN）为拟分析的空间要素的属性字段；
（2）本案例选择“临界距离”为空间关系概念化方法；
（3）本案例选择“欧氏距离”为空间距离度量方式。

四、完整代码

```
# -*- coding：utf-8 -*-
import arcpy
arcpy.gp.overwriteOutput = True
arcpy.env.workspace = "C:\\pydata\\ca\\ca_counties"
```

```
fc = "ca_counties.shp"

try：

    arcpy.workspace = arcpy.env.workspace
    #执行热点分析
    hs = arcpy.HotSpots_stats（fc，"ASIAN"，"CA_ASIAN_hotspot.shp"，
                        "FIXED_DISTANCE_BAND"，
                        "EUCLIDEAN_DISTANCE"，"NONE"，
                        "#"，"#"，"#"）
except：
    print arcpy.GetMessages（）
```

输出结果如图 7-17（彩图 6）所示。

图 7-17　热点分析输出结果

其中，红色区域表示热点。可以看出，美国加州的洛杉矶及其附近是亚裔居住的热点地区。

注：热点分析的结果在 ArcMap 中展示时，需要用户对 z-score 的值手工设置渲染结果。如果想省去这一手工步骤，可在代码中调用自动渲染功能，将输出结果直接保存为图层，在 ArcMap 中直接打开所得图层即可。

代码示例：

```
# -*- coding：utf-8 -*-
import arcpy

arcpy.gp.overwriteOutput = True
arcpy.env.workspace = "C:\\pydata\\ca\\ca_counties"

fc = "ca_counties.shp"

try：

    arcpy.workspace = arcpy.env.workspace
    #执行热点分析
    hs = arcpy.HotSpots_stats（fc，"ASIAN"，"CA_ASIAN_hotspot.shp"，
                        "FIXED_DISTANCE_BAND"，
                        "EUCLIDEAN_DISTANCE"，"NONE"，
                        "#"，"#"，"#"）
    #对热点分析结果进行渲染
    arcpy.ZRenderer_stats（"CA_ASIAN_hotspot.shp "，GiZScore，
                    " CA_ASIAN_hs_rend.lyr"）

except：
    print arcpy.GetMessages（）
```

7.5　本章小结

本章主要介绍了空间统计的基本概念，使用全局 Moran's I 指数进行空间自相关分析，最小二乘法回归分析和地理加权回归两种回归分析方法，热点分析的局部 G 指数算法。另外，ArcGIS 中的空间统计工具箱中还提供了对分布模式进行探测和度量的工具，这些工具大多都是使用 Python 脚本编写的，可以直接调用，也可以对源代码进行修改。除了 ArcGIS 软件，R 语言也提供了专门针对空间统计的扩展包，本书将在延伸阅读部分介绍如何通过 Python 调用 R，来实现更为复杂的空间统计功能。

第 8 章　和地图那些事儿

所谓"一图抵千言"，通过地图可以直观地了解数据分析处理的结果和数据的分布情况，不同的地图可视化形式还能发现数据中隐含的时空规律。本章将介绍如何使用 Python 脚本来操纵地图，如何批量出图和进行地图集的生产，如何生成动态地图和热度图等。在进行地图出图讲解之前，首先要了解 ArcGIS 中的一个基本概念——地图文档，地图文档存储了关于地图的所有配置信息。ArcPy 中专门针对制图提供了 ArcPy.mapping 模块，可以对地图文档以及图层进行操作。接下来，就让我们一起来探索地图制图的乐趣吧。

8.1　地图文档

ArcGIS 将地图保存为地图文档（.mxd 格式），一个地图文档中包含一幅完整的地图，存储地图显示、排版等配置信息。地图文档包含数据框（Data Frame）和图层（Layer）两个主要对象。数据框是组织图层的一个容器，同一个数据框下的图层会叠加显示，而图层是要素类加载到 ArcMap 后的一个视图，三者的关系如图 8-1 所示。默认情况下一个地图文档中仅包含一个数据框，如果添加了多个数据框，便可以将不同的图层进行分幅管理，从而组成定位地图或插图。图层中存储数据的显示样式，如果将图层另存为图层文件（.lyr），就可以将该图层的符号化、标注等信息保存下来。图层并非独立存在，必须指向本地硬盘或网络上的某个数据源，如果该数据源被删除或移动到其他位置，则图层会丢失对数据源的引用路径，该图层将无法正常显示。

在 ArcMap 中有两种地图预览方式：数据视图（Data View）和版面视图（Layout View），两者可以通过视图（View）菜单下的命令互相切换（见图 8-2）。绝大部分的分析工作是在数据视图下完成，例如数据查询、数据编辑以及数据统计等，在版面视图下主要是完成地图出版前的排版设置，例如地图比例尺、指北针等地图元素的插入和摆放。

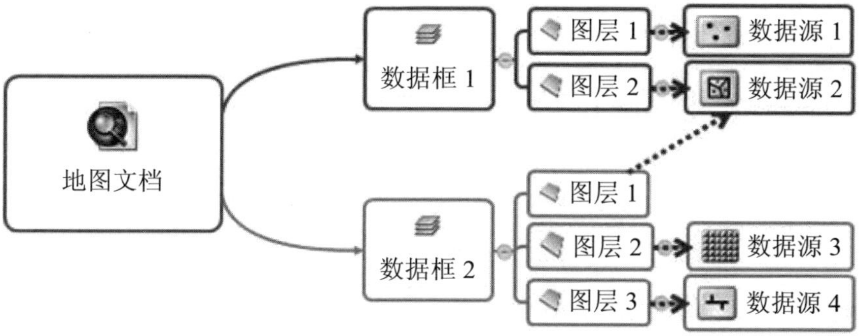

图 8-1　地图文档的组织架构

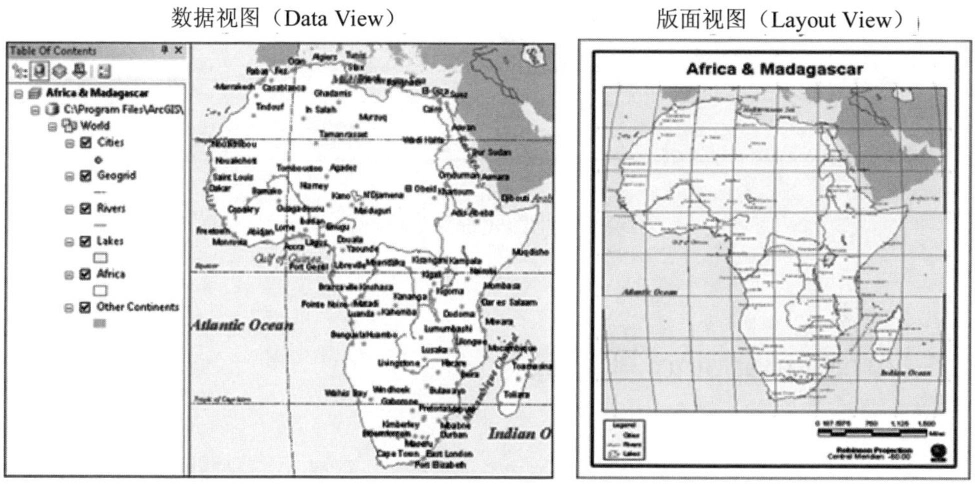

图 8-2　数据视图与版面视图

地图是制图者向读图者传递信息的载体，在设计一幅地图时，要充分考虑地图的用途与面向的对象。地图主体要采用适当的符号和注记来清晰有效地传递信息，除此之外，一幅地图还应包括图名、图例、指北针、比例尺等必要的地图元素，在某些地图上您还可能会看到定位地图（Locator Map）或插图（如中国全图中的南海诸岛）。定位地图和插图可以通过添加多个数据框实现（见图 8-3）。

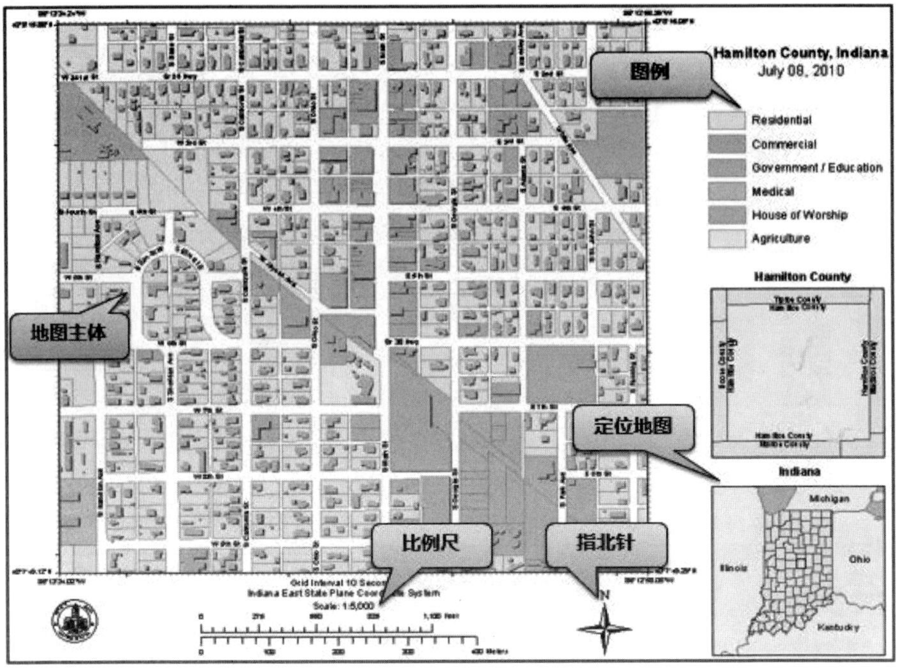

图 8-3 地图元素与定位地图

8.2 ArcPy.mapping 制图模块

ArcPy.mapping 是 ArcPy 站点包中的一个模块，封装了对地图文档和图层进行处理的类和函数，提供了添加图层、符号化、数据源修复以及对地图导出和打印等功能。在以往的开发中，实现这些功能需要调用 ArcObject 对象进行编程，现在制图模块为 ArcGIS 的开发者和专业用户提供了更方便的入口，可以快速简单地获取地图文档以及图层对象，灵活地对其进行控制。制图模块是在 ArcObject 对象基础上进行的粗粒度封装，可以用简短的代码完成同样的工作。当然，制图模块并不是为了替代 ArcObject，而是通过调用脚本语言在桌面环境下为地图处理提供一种便捷、交互的自动化处理方式。

（1）在哪里调用 ArcPy.mapping

ArcMap 中的 Python Window 是一个书写 Python 代码的交互窗口，在该窗口中调用 ArcPy.mapping 是一种比较推荐的方式。因为结果可以及时地加载到 ArcMap 中显示，同时，Python Window 具有函数提示及自动完成变量的功能，能够让代码书写变得非常简单。例如我们希望实现一个将地图导出为 PDF 文件的过程，在 Python Window 中完成的步骤如下：

①打开需要导出的地图文档，点击 Geoprocessing 菜单下的 Python，打开 Python Window 窗口；

②在该窗口的>>>状态下输入代码，当输入函数的左括号时就会出现该函数的语法提示，当前要输入的参数高亮显示；

③按照下面一行代码将 ExportToPDF 的代码补充完整，按回车键执行。该示例将当前打开的地图文档导出为 PDF 格式（见图 8-4）。

arcpy.mapping.ExportToPDF（mxd，"C:/MyMap.pdf"）

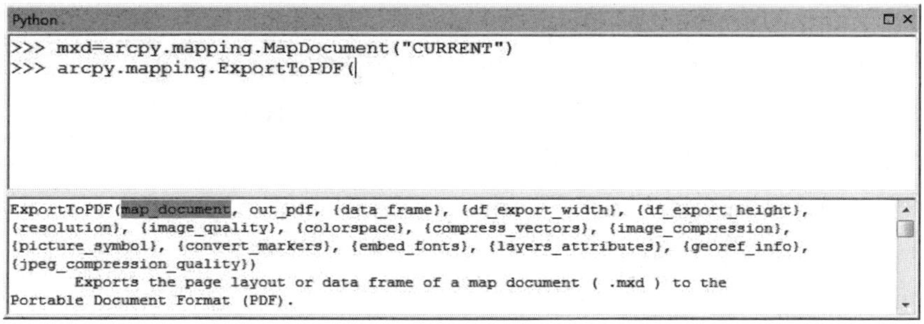

图 8-4 Python Window

当然，我们也可以选择在其他 Python 开发环境中编写独立的 Python 脚本，在不打开 ArcMap 的情况下同样可以执行。Python Window 相当于在 ArcMap 中嵌入的 Python 编译环境，存储为独立脚本的.py 文件也可以在 Python Window 中通过右键菜单的 Load 加载到 ArcMap 中执行（见图 8-5）。

图 8-5 加载独立脚本（.py）文件

这里需要强调的一点是，如果在不打开 ArcMap 的情况下执行独立脚本，对地图文档（mxd 对象）的获取方式略有不同，在图 8-4 中使用 CURRENT 关键字即可直接得到当前打开的地图文档对象，而独立脚本的话则需要全路径引用，代码如下：

```
mxd = arcpy.mapping.MapDocument（"C:/Project/Project.mxd"）
```

（2）新手上路

这里给出两个例子来演示如何使用 ArcPy.mapping 来操纵地图文档和图层：第一个例子是向当前地图文档中激活的数据框（默认为第一个）添加图层，并将地图导出为 PDF 格式，这里主要会用到 AddLayer 和 ExportToPDF 方法；第二个例子是将一个已有的图层文件的符号化方法应用到另一个图层，这里使用到了 UpdateLayer 方法。

①示例 1：添加图层并导出地图

```
import arcpy
mxd = arcpy.mapping.MapDocument（r"C:\Project\Project.mxd"）
df = arcpy.mapping.ListDataFrames（mxd，"Layers"）[0]
lyrFile=arcpy.mapping.Layer（r"C:\Project\Data\Rivers.lyr"）
arcpy.mapping.AddLayer（df，lyrFile）
arcpy.mapping.ExportToPDF（mxd，r"C:\Project\map.pdf"）
```

②示例 2：符号化渲染

```
import arcpy
mxd = arcpy.mapping.MapDocument（r"C:\Project\Project.mxd"）
df = arcpy.mapping.ListDataFrames（mxd，"Layers"）[0]
updateLayer = arcpy.mapping.ListLayers（mxd，"Rivers"，df）[0]
sourceLayer = arcpy.mapping.Layer（r"C:\Project\Data\Rivers.lyr"）
arcpy.mapping.UpdateLayer（df，updateLayer，sourceLayer，True）
mxd.saveACopy（r"C:\Project\Project2.mxd"）
del mxd，sourceLayer
```

（3）核心类和函数

ArcPy.mapping 核心类和函数见表 8-1。

表 8-1　ArcPy.mapping 核心类和函数

类型	类（Class）	函数（Function）
操纵地图文档和图层	DataFrameTime GraduatedColorsSymbology GraduatedSymbolsSymbology LabelClass Layer LayerTime LegendElement MapDocument RasterClassifiedSymbology TableView StyleItems UniqueValueSymbology	AddLayer AddLayerToGroup AddTableView InsertLayer Layer ListBrokenDataSources ListDataFrames ListLayers ListStyleItems MoveLayer RemoveLayer UpdateLayer UpdateLayerTime
地图打印输出	DataDrivenPages PDFDocument	ExportReport ExportToAI ExportToBMP ExportToEPS ExportToGIF ExportToJPEG ExportToPDF ExportToPNG ExportToSVG ExportToTIFF PDFDocumentCreate PDFDocumentOpen PrintMap PublishMSDToServer

8.3　数据驱动制图

数据驱动制图（Data Driven Pages）提供了将地图自动分幅输出或打印的功能，从而完成地图集的快速创建。所谓数据驱动，指按照某个属性，一般是索引图层（Index Layer）的名称或编号来确定地图页面的顺序。索引图层可以是标准的矩形格网也可以是条带状格网，见图 8-6。

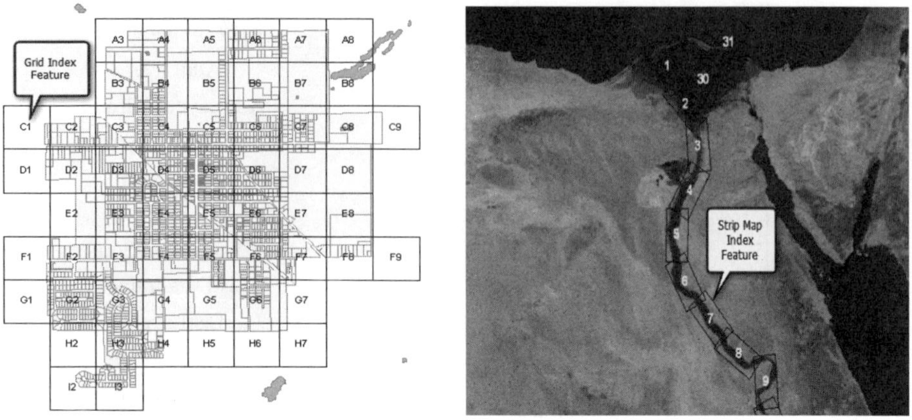

图 8-6　矩形格网与条带状格网

使用数据驱动主要包含以下步骤：

（1）生成索引格网

①示例 1：生成矩形格网

```
import arcpy
from arcpy import env
arcpy.env.workspace = "C:\data\ProjectData.gdb"
arcpy.GridIndexFeatures_cartography（"gridIndexFeatures"，"poly"，""，""，""，
                                    "1000 meters"，"1000 meters"）
```

②示例 2：生成条带状格网

```
import arcpy
from arcpy import env
arcpy.env.workspace = "C:\data\ProjectData.gdb"
arcpy.StripMapIndexFeatures_cartography（"lines"，"indexFeatures"，
USEPAGEUNIT，"500000"，"7 inches"，"5 inches"）
```

（2）开启数据驱动

开启数据驱动功能必须在 ArcMap 中进行，点击文件（File）菜单下的页面和打印设置（Page and Print Setup），再单击左下角的数据驱动制图（Data Driven Pages），打开设置对话框，按照图 8-7 进行数据驱动制图功能的设置。

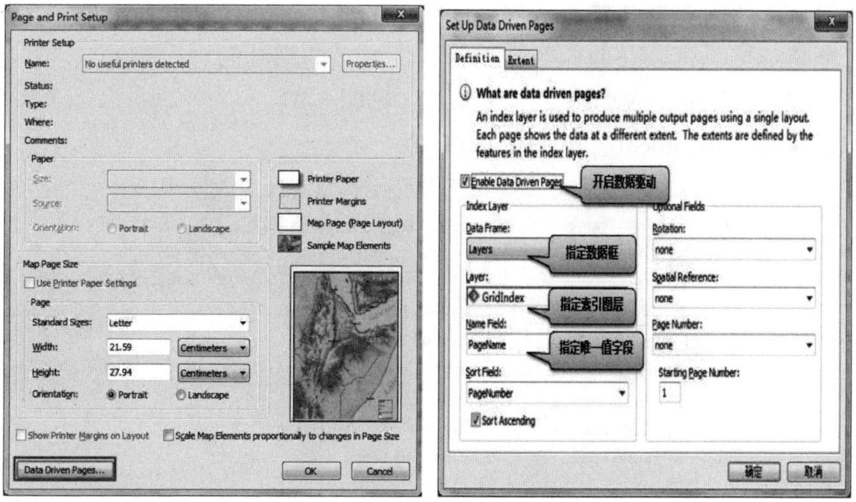

图 8-7　数据驱动功能设置

（3）动态文本和页面索引

开启数据驱动制图功能后，在版面视图下对地图进行整饰后即可打印输出。如果我们还希望在每幅地图上看到页面的编号和在完整地图上所处的位置，可以在版面视图下为地图添加动态文本（随数据驱动页面的内容变化而变化）以及页面索引（见图 8-8）。

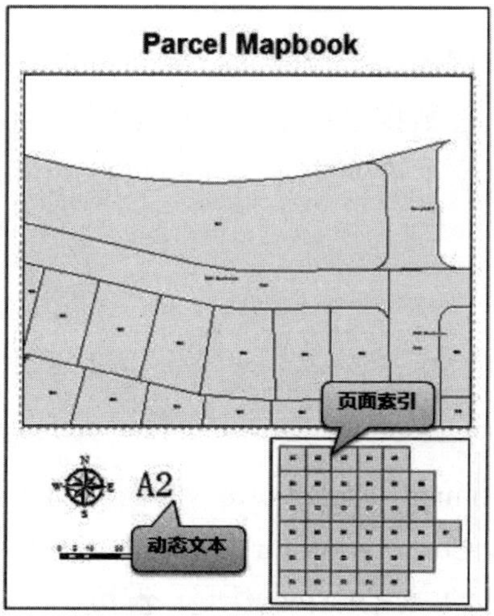

图 8-8　动态文本与页面索引

动态文本的内容会随每个数据驱动页面的变化而变化，本质上动态文本的内容是一个超链接，可以获取地图文档的属性或当前系统的时间等信息，在版面视图下点击 Insert 菜单完成动态文本的插入（见图 8-9）。

<dyn type="document" property="title"/>

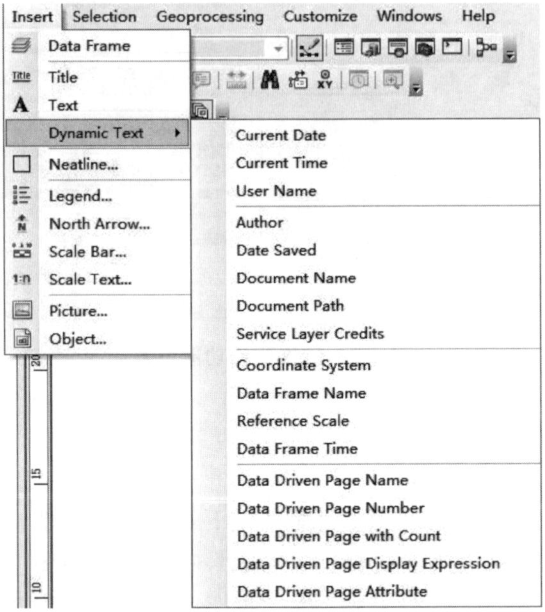

图 8-9 插入动态文本

页面索引是在索引格网图层上，每次显示当前数据驱动页面的位置。添加页面索引需要新建数据框，在数据框中添加索引格网图层，在其属性对话框中设置定义查询（Definition Query），在页面定义（Page Definition）中进行如下设置（见图 8-10）。

8.4 NetCDF

NetCDF（Network Common Data Form）即网络通用数据格式，是由美国大学大气研究协会（University Corporation for Atmospheric Research，UCAR）的 Unidata 针对科学数据的特点设计的，用来存储温度、湿度、气压、风速和风向等多维科学数据的文件格式（见图 8-11）。NetCDF 存储的数据用数学公式来表达就是一个多自变量的单值函数：

$$f(x, y, z, \cdots) = \text{value}$$

NetCDF 数据有三个重要的参数：维度（Dimension）、变量（Variables）和属性（Attributes）。函数的自变量 x，y，z 等在 NetCDF 中叫做维度，函数值 value 叫做变量，而自变量和函数值的一些性质，比如量纲或物理学名称等叫做属性。

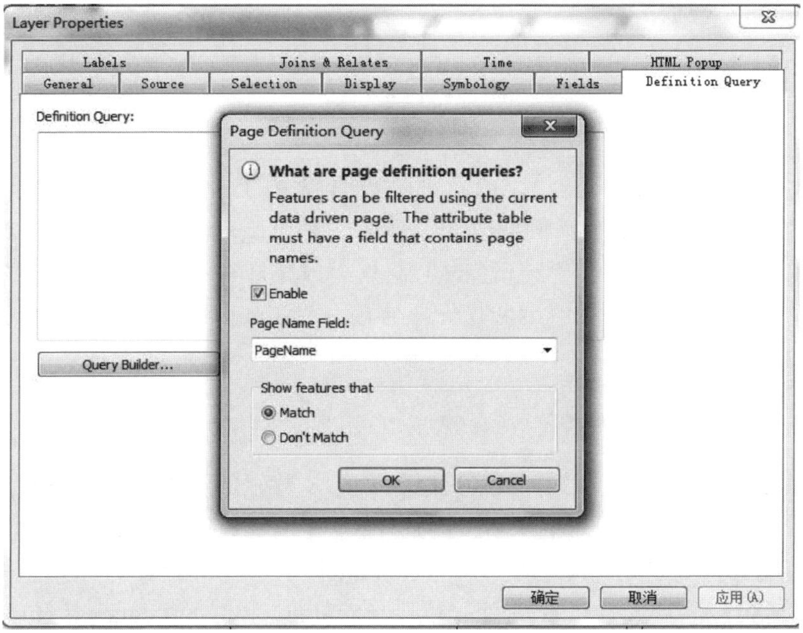

图 8-10 设置页面索引

图 8-11 NetCDF 温度数据

一个 NetCDF 文件的基本结构包括以下几个部分：

NetCDF name{
Dimensions：… //定义维度
Variables：… //定义变量
Attributes：… //属性
Data：…//数据
}

（1）维度（Dimensions）

维度对应函数中的自变量，或者说函数图像中的一个坐标轴，在线性代数中就是 N 维向量的一个分量，例如时间、经度、纬度或高度等。NetCDF 维度包含名称和大小，维度大小是一个任意的正整数，只允许有一个维度的大小是“无限制”的（Unlimited）。这类维度叫做无限维度（Unlimited Dimension）或记录维度（Record Dimension）。

（2）变量（Variables）

变量就是 NetCDF 文件中存储数据的数组，数组的维数就是实际问题中的自变量个数，数组的值就是观测得到的物理值。变量（数组值）在 NetCDF 中的存储类型有七种，分别是：ASCII 字符（character）、字节（byte）、短整型（short）、长整型（long）、浮点型（float）、双精度型（double）和时间（data with time units）。

（3）属性（Attributes）

NetCDF 的属性用于存储其他辅助信息或者元数据。因为变量和维度在 NetCDF 中都只是无量纲的数字，对它们的解释说明就需要靠属性这个对象了。大部分属性用来对变量进行描述，也有对整个 NetCDF 文件进行描述的，这类属性称为全局属性。例如下面这行代码就是某个 NetCDF 文件中属性的描述：

temperature：units =“Celsius”

前面的 temperature 是一个变量即温度，冒号后面的 units 为属性名，表示物理单位，等号后面的是 units 这个属性的值，即摄氏度。

8.4.1 NetCDF 存储结构

NetCDF 数据以数组形式存储，例如：某地时间序列温度以一维数组的形式存储，某个区域内多地在指定时刻的温度以二维数组的形式存储，更复杂的还包括三维数据（如某个区域内多地时间序列温度）或四维数据（如某个区域内多地随时间和海拔高度变化的温度）如图 8-12、图 8-13 所示。

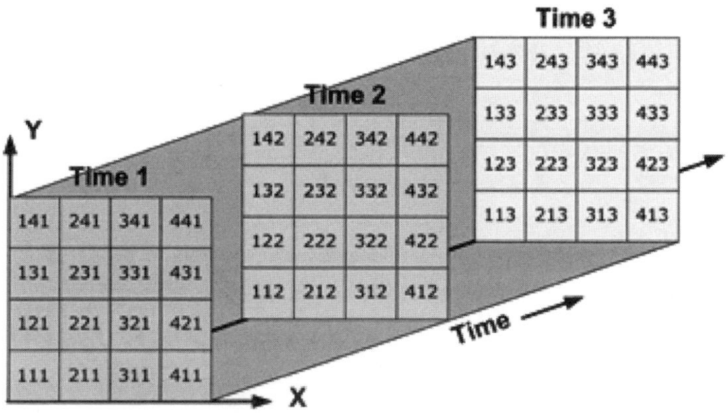

图 8-12 三维数据：某区域随时间变化的数据

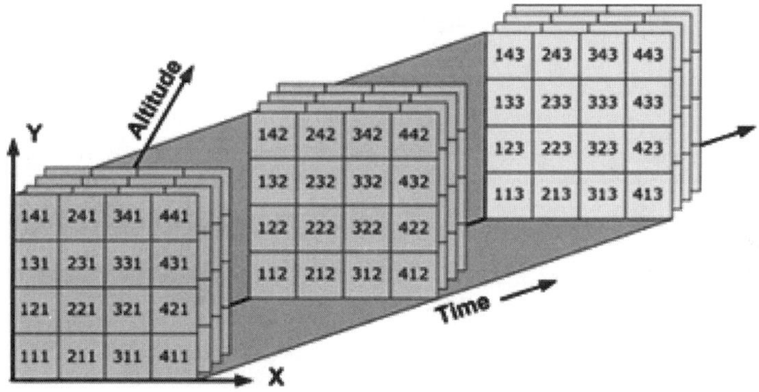

图 8-13 四维数据：某区域随时间和海拔高度变化的数据

8.4.2 NetCDF 数据显示

在 ArcGIS 中可以通过 ArcToolbox 中的工具读取 NetCDF 文件来创建 NetCDF 图层，如生成 NetCDF 栅格图层工具（Make NetCDF Raster Layer）和生成 NetCDF 要素图层工具（Make NetCDF Feature Layer）。由于一个图层一次仅能显示某一个维度值的状态（如一个时间点的温度数据），因此如果要显示不同时刻的数据，需要手动进行设置。一种方式是在图层的属性对话框中设置，如图 8-14 所示，另一种是在按维度选择工具（Select by Dimension）中设置，如图 8-15 所示。

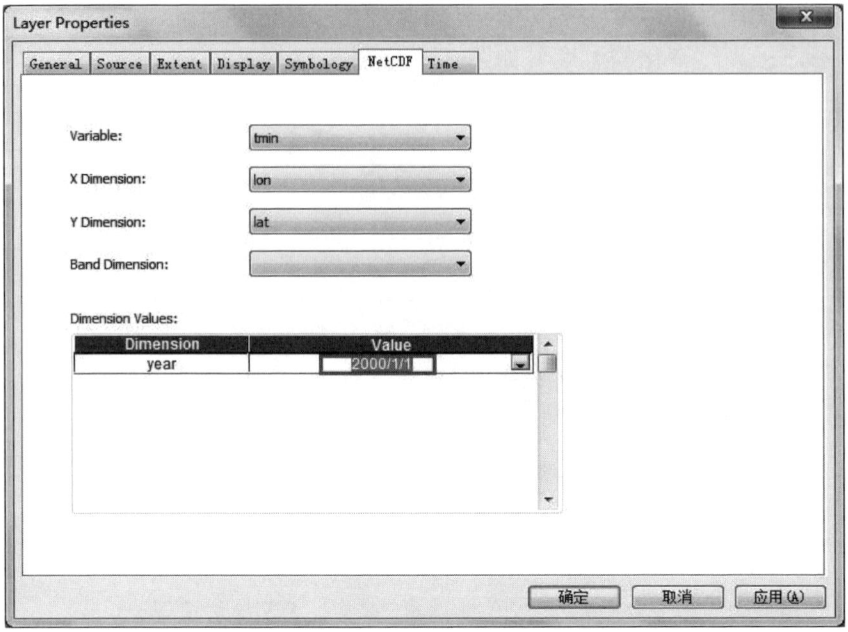

图 8-14 使用属性对话框选择维度

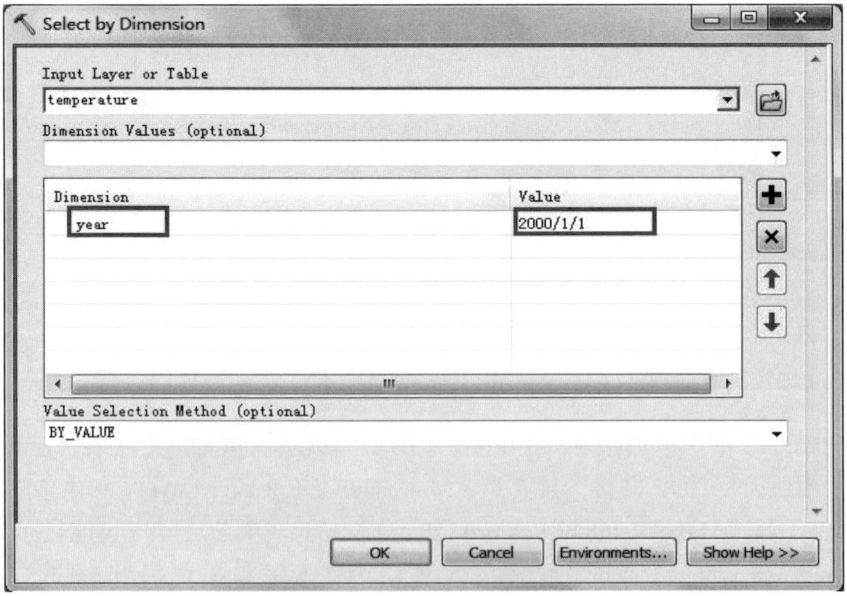

图 8-15 使用工具选择维度

8.5 热度图

热度图（Heat Map）是对数据空间分布模式的一种直观展示，通过热度图可以探测出空间上聚集的区域，即空间热点，从而揭示事物或现象在空间上分布的不均衡性。例如图 8-16 即是用热度图展示的美国星巴克分布情况。

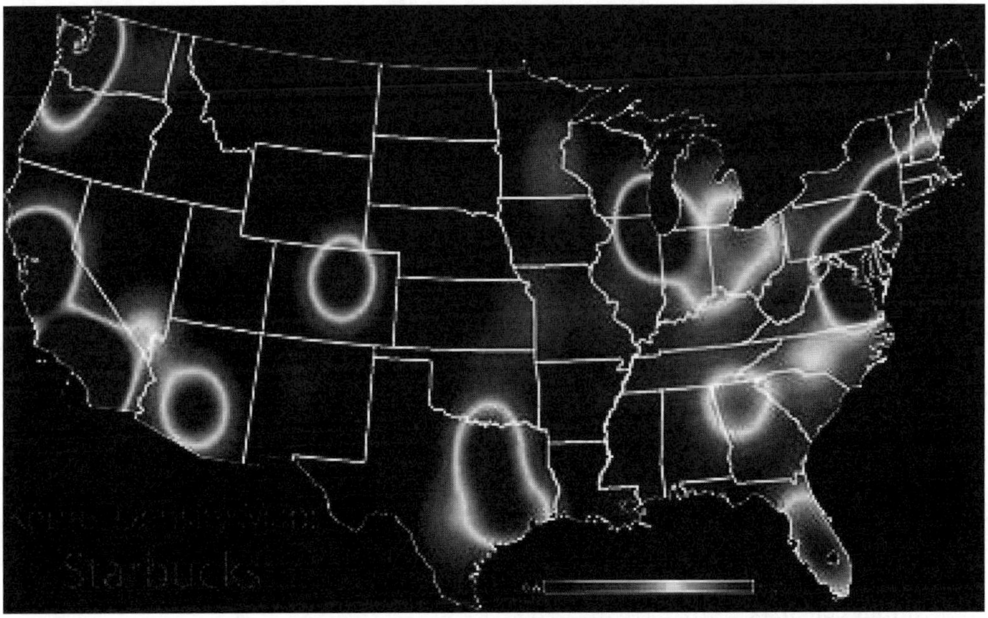

图 8-16 星巴克分布热度图

（图片来自 http: //mapsontheweb.zoom-maps.com/post/55425791425/kernel-density-maps-showing-walmart-mcdonalds）

在 ArcGIS 中，可以使用核密度（Kernel Density）工具来生成热度图。核密度估计是一种密度计算方法，它认为不同地理事件在不同位置上发生的概率不同，点密集的区域发生概率高，点稀疏的区域发生概率低。该工具可以对点或线要素进行密度估计，它假设每个要素上方均覆盖一个平滑曲面，要素所在位置处表面值最高，随着与要素距离的增大表面值逐渐减小，在与要素的距离等于搜索半径的位置处表面值为零。该工具的参数设置如图 8-17 所示。

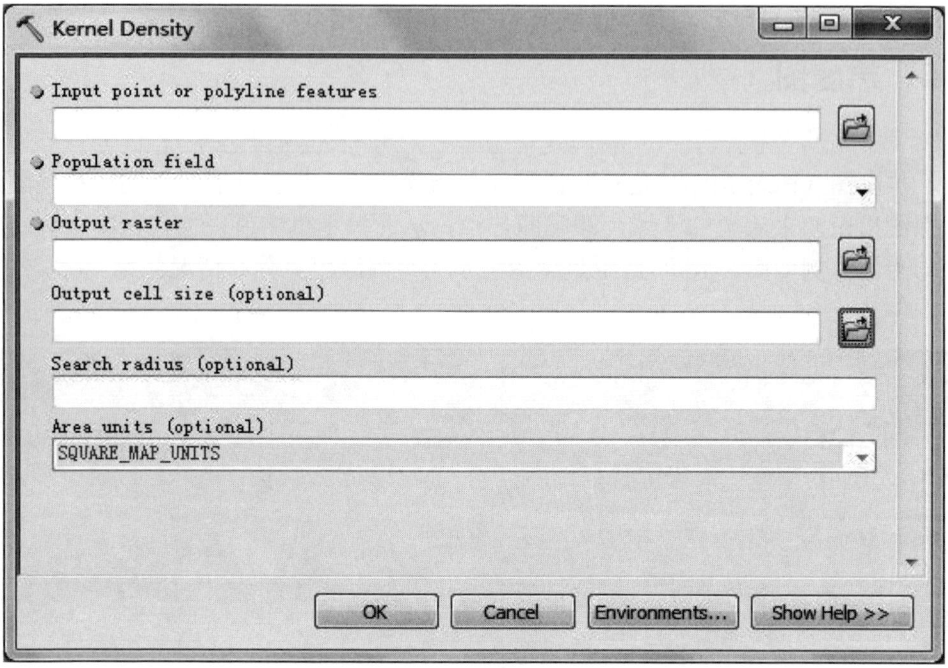

图 8-17 核密度估计工具

Input point or polyline features：指定输入的点或线要素类；

Population field：指定输入要素数值型字段（必须为整型或浮点型），如果设置了该字段，其值将会作为权重参与到估值运算中；

Output raster：指定生成密度栅格的输出位置和名称；

Output cell size：输出的栅格像元大小；

Search radius：搜索半径，该范围设置的越大，生成的栅格表面就越平滑；

Area units：输出像元值的单位，默认与输入要素类的空间参考一致，有下列几种选项：

SQUARE_MAP_UNITS —输入为 unknown，points，or decimal degrees

SQUARE_MILES —输入为 feet，yards，miles，or nautical miles

SQUARE_KILOMETERS —输入为 meters or kilometers

SQUARE_INCHES —输入为 inches

SQUARE_CENTIMETERS —输入为 centimeters

SQUARE_MILLIMETERS —输入为 millimeters

8.6 动态展示

动态展示是时空数据分析中的一种有效手段，通过动态展示空间场景的变化以及时间场景的变化，探测数据变化的趋势。在 ArcGIS 中，数据动态展示有两种实现方式：动画（Animation）和时态（Time）。

8.6.1 动画

在 ArcMap、ArcScene 和 ArcGlobe 中均可以进行动画的设置。设置动画的数据可以存储时间信息，也可以不存储时间信息，前者的动画效果与下一小节讲到的时态图层（Time Enabled Layer）类似，后者则可以通过创建关键帧的方式对不同的场景进行记录并按顺序播放，从而实现动画效果。动画的创建主要有以下几种方式：①通过创建关键帧的方式记录动画场景；②通过创建组图层动画动态控制图层的可见性；③沿着预先设置的路径飞行；④沿路径改变图层视角。

(1) 创建关键帧（Create Keyframe）

创建关键帧是一种灵活创建动画的方式，操作简单且使用广泛。关键帧可以记录不同视角下的地图场景，通过放大、缩小、漫游等变换地图场景或者改变图层透明度等，实现各帧之间的过渡渐变来生成地图动画。在 Animation 工具条（见图 8-18）上选择 Animation 菜单下的 Create Keyframe，然后点击 New 创建动画轨迹，每次地图场景改变后点击 Create 以创建关键帧（见图 8-19），全部创建完成后点击 Animation 工具条上的 Animation Controls 进行播放。

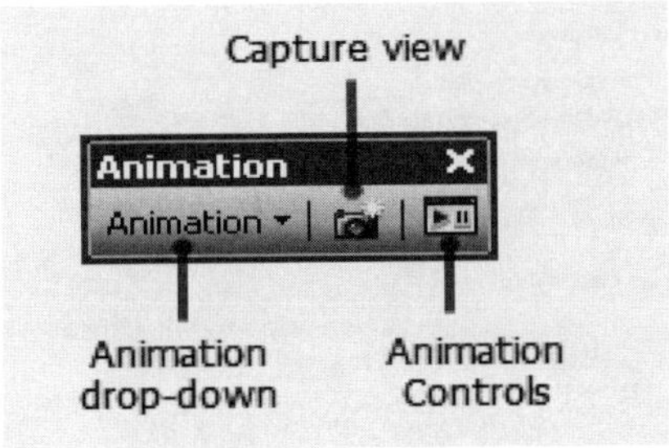

图 8-18 动画工具条

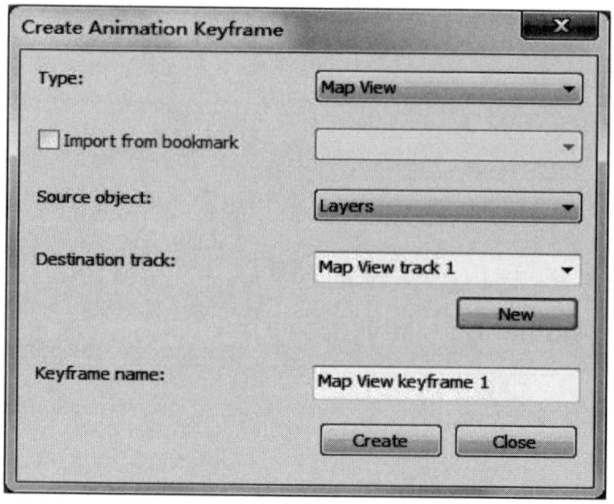

图 8-19　创建关键帧

(2) 创建组图层动画（Create Group Animation）

组图层动画是为了动态控制多个图层的可见性，按图层的叠放顺序从上往下依次打开一个图层进行显示，该方法需要先将若干图层放在一个组图层下。在数据框的右键菜单中选择 New Group Layer 新建组图层，然后将所有图层拖放进其中最后点击 Animation 菜单下的 Create Group Animation 即可创建组图层动画（见图 8-20）。

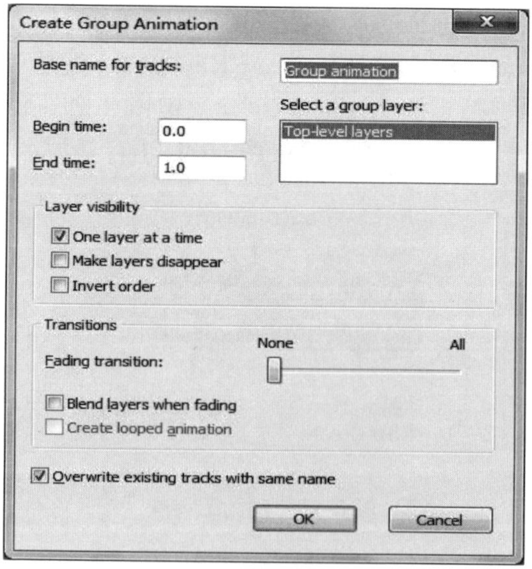

图 8-20　创建组图层动画

(3) 沿路径飞行（Create Flyby from Path）

该功能仅在 ArcScene 和 ArcGlobe 中可用，所需路径一般是二维的线性要素，将线添加到三维场景并选中该要素，在 Animation 菜单下点击 Create Flyby from Path 可以设置观察点沿路径移动方式，目标点沿路径移动或两者均随路径移动（见图 8-21）。

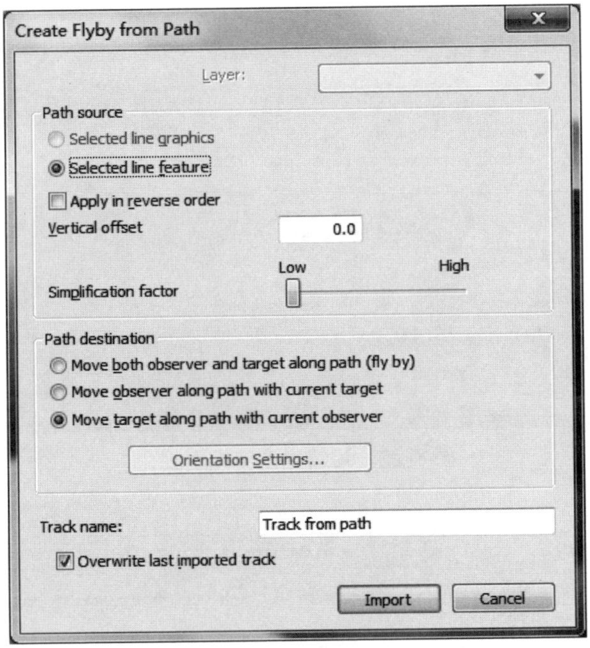

图 8-21 沿路径飞行

(4) 沿路径改变图层视角（Move Layer along Path）

该功能的设置方法与沿路径飞行类似，但仅能在 ArcScene 中使用（见图 8-22）。

8.6.2 时态

时态图层要求数据必须存储有时间信息，即一系列时间点对应的数据状态，其状态可以是空间位置的变化，也可以是属性信息的变化。在大多数情况下，时态图层使用的是矢量数据，但也可以对栅格数据进行时间动画的设置。时态图层的播放可以在图层属性对话框中设置（见图 8-23）。

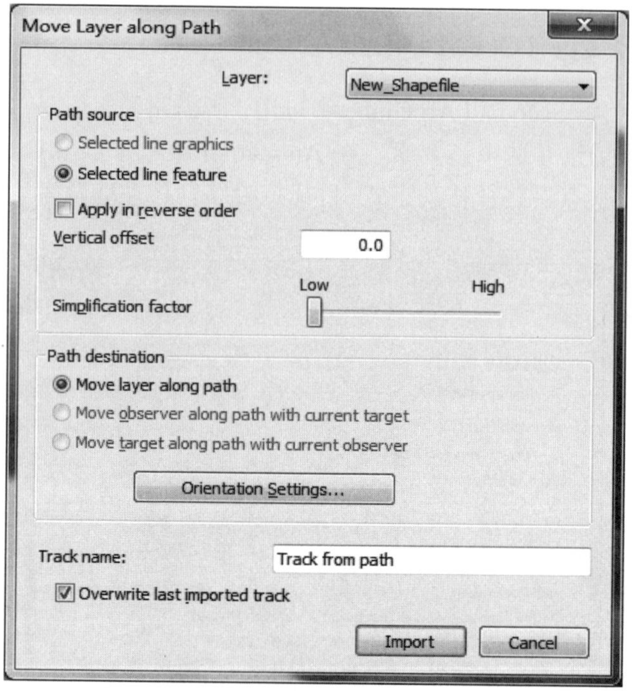

图 8-22 沿路径改变图层视角

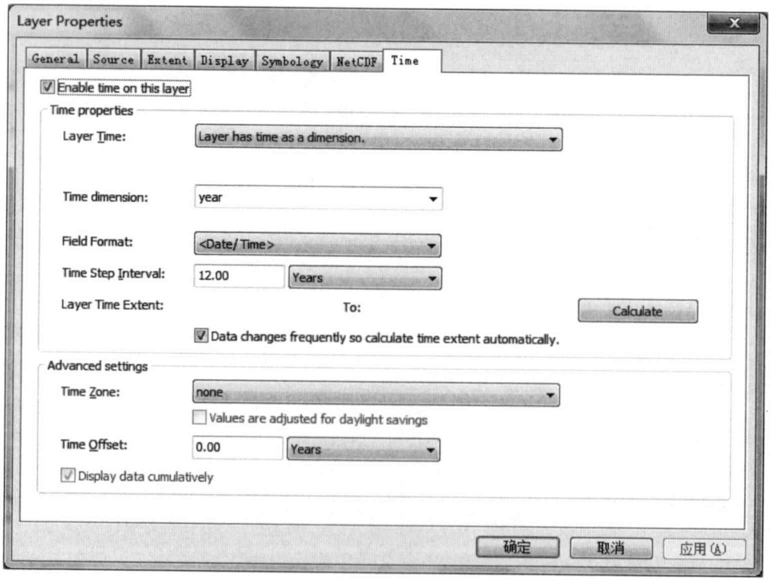

图 8-23 时态图层播放属性

在时间（Time）选项卡下勾选 Enabled Time on this layer，即开启了该图层的时间动画，然后在时间维度（Time dimension）中选择存储了时间信息的字段，选择相应的日期格式，并设置合理的动画播放间隔。最后打开 Tools 工具条上的 Tile Silder 播放工具便可进行动画播放（见图 8-24）。

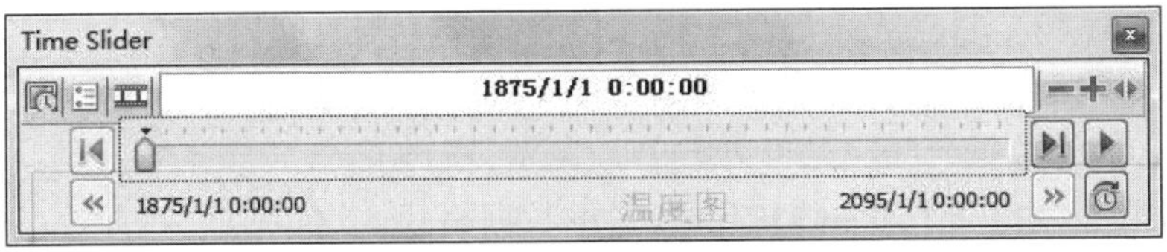

图 8-24 Time Silder 工具条

（1）时态支持的数据类型

①矢量数据

在矢量数据中存储时间信息有两种情况，一是空间信息不变而属性随时间变化，二是空间信息随时间变化，如图 8-25 和图 8-26 所示。

OBJECTID*	Shape*	Name	State_Name	POP	DATE_ST	DATE_END	Shape_Length	Shape_Area
2698	Polygon	Abbeville	South Carolina	33400	01/01/1900	01/01/1910	162402.504779	1339524251.7354
5944	Polygon	Abbeville	South Carolina	34804	01/01/1910	01/01/1920	162402.504779	1339524251.7354
8975	Polygon	Abbeville	South Carolina	27139	01/01/1920	01/01/1930	162402.504779	1339524251.7354
12185	Polygon	Abbeville	South Carolina	23323	01/01/1930	01/01/1940	162402.504779	1339524251.7354
15135	Polygon	Abbeville	South Carolina	22931	01/01/1940	01/01/1950	162402.504779	1339524251.7354
18243	Polygon	Abbeville	South Carolina	22456	01/01/1950	01/01/1960	162402.504779	1339524251.7354
21371	Polygon	Abbeville	South Carolina	21417	01/01/1960	01/01/1970	162402.504779	1339524251.7354
24464	Polygon	Abbeville	South Carolina	21112	01/01/1970	01/01/1980	162402.504779	1339524251.7354

图 8-25 不同年份各州人口数量（属性变化）

OBJECTID*	Shape*	AREA	PERIMETER	FIRE	Date_	Shape_Length	Shape_Area
328	Polygon	217872	2294.65	Fan	06/30/1988	2294.649455	217872.243312
3	Polygon	4604720	10191.8	Storm Creek	07/02/1988	10191.773276	4604722.684947
5	Polygon	4491390	10550.9	Mist	07/02/1988	10550.858045	4491388.674216
279	Polygon	7460250	12985.3	Fan	07/02/1988	12985.272888	7460252.205611
2	Polygon	1565920	13076.4	Storm Creek	07/03/1988	13076.352703	1565919.089657
1	Polygon	2189700	17740	Red	07/05/1988	17739.963328	2189696.846135
6	Polygon	782002	4207.37	Storm Creek	07/06/1988	4207.373773	782002.481009
262	Polygon	10847522	4682.46	Fan	07/05/1988	4682.455312	847521.689984

图 8-26 不同时间火灾的位置和覆盖面积（空间变化）

②镶嵌数据集（Mosaic Dataset）

镶嵌数据集是一种栅格数据的存储格式，镶嵌数据集将多张影像进行拼接显示，但每张影像仍是以自己的原始格式独立存储。镶嵌数据集仅存储对原始影像的路径引用，原始影像可以具有不同的投影、分辨率、波段信息等。在镶嵌数据集上可以进行多种影像代数运算。如果在镶嵌数据集的属性表中存储了时间信息，同样可以开启时间动画进行动态播放。

③栅格目录表（Raster Catalog）

栅格目录表是将多张影像组织在一个容器中，以相册方式管理的一种栅格数据存储方法，栅格目录表一般用于展示同一地区不同时间段的变化情况。对存储了时间信息的栅格目录表开启时间动画便可进行动态展示。

④NetCDF 数据

在 8.4 节中介绍了 NetCDF 这种多维数据格式，这也是一种有效存储时间信息的方式。基于 NetCDF 中的时间维度，便可以进行动态展示，生成时间序列地图。关于 NetCDF 的时间序列出图方法请详见本章案例 22。

案例 20　批量修复数据源

一、问题描述

本案例将演示如何解决由于数据源丢失造成地图无法显示的问题，数据源丢失可能是由于原始数据被移动到了新位置或者格式发生了变化。本案例将 PYDATA\CH08 文件夹下 Canada.mxd 用到的数据源（Shapefile 格式）转换为 File Geodatabase 格式（数据源格式发生变化），并为地图文档重新指定数据源位置。

二、程序处理流程

程序处理流程见图 8-27。

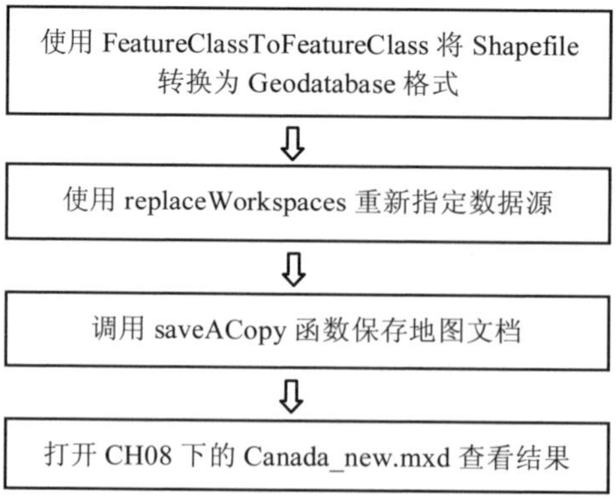

图 8-27　程序处理流程

三、完整代码

```
# -*- coding：utf-8 -*-
import arcpy
arcpy.env.workspace="C:\\PYDATA\\Database\\Canada"
target_wsp="C:\\PYDATA\\Database\\Canada\\Canada.gdb"
listFC = arcpy.ListFeatureClasses（"*"，"All"）
#遍历所有源数据
for fc in listFC：
    #获取 shapefile 去掉后缀的文件名
    fc_new = fc[：-4]
    #将 shapefile 批量转换到 file geodatabase 中
    arcpy.FeatureClassToFeatureClass_conversion（fc，target_wsp，fc_new）
    #删除 shapefile
    arcpy.Delete_management（fc）

#修复数据源，并保存 mxd 文档
mxd = arcpy.mapping.MapDocument（"C:\\PYDATA\\Database\\Canada\\Canada. mxd"）
mxd.replaceWorkspaces（"C:\\PYDATA\\Database\\Canada",
            "SHAPEFILE_WORKSPACE" ， target_wsp ， "FILEGDB_WORKSPACE"，"FALSE"）
mxd.saveACopy（"C:\\PYDATA\\Database\\Canada\\Canada_new.mxd"）
```

案例 21 地图集生产

一、问题描述

本案例演示如何按照标准矩形对地图进行分幅，自动完成地图集的生产。地图集的自动生产需要使用 ArcGIS 的数据驱动制图功能，该功能不能通过脚本设置，只能在 ArcMap 中开启。本案例使用的地图文档为 PYDATA\CH08 文件夹下的 Mapbook.mxd，已经开启了数据驱动制图功能，开启该功能的方法详见本章 8.3

节内容。

二、程序处理流程

程序处理流程见图 8-28。

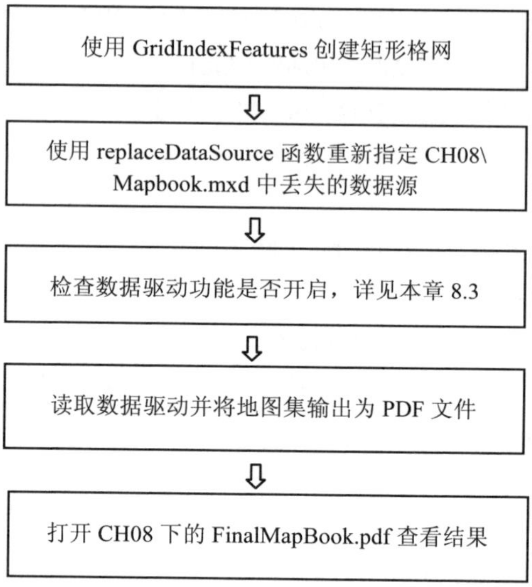

图 8-28　程序处理流程

三、完整代码

```
# -*- coding：utf-8 -*-
import arcpy
cur_wsp=arcpy.env.workspace ="C:\\PYDATA\\Database\\Mapbook"
arcpy.env.overwriteOutput=True
outDir = "C:\\PYDATA\\CH08"
finalpdf_filename = outDir + "\\FinalMapBook.pdf"
mxd=arcpy.mapping.MapDocument（"C:\\PYDATA\\CH08\\Mapbook.mxd"）
def createGrid（）：
    in_fc="Parcels.shp"
    out_fc="gridIndex"
    #创建索引格网
    arcpy.GridIndexFeatures_cartography（out_fc，in_fc，""，""，"",
```

```
                                         "100 meters"，"100 meters"）
        #将生成的格网数据指定为原地图文档中格网图层的数据源
        brknList = arcpy.mapping.ListBrokenDataSources（mxd）
        for brknItem in brknList：
            print "\t" + brknItem.name
            brknItem.replaceDataSource          （          cur_wsp          ，
"SHAPEFILE_WORKSPACE"，out_fc）
    mxd.saveACopy（"C:\\PYDATA\\CH08\\MapbookResult.mxd"）

if __name__ == '__main__'：
    try：
        createGrid（）
        ddp = mxd.dataDrivenPages
        print ddp.pageNameField
        print "Exporting map pages to PDF"
        ddp.exportToPDF（finalpdf_filename）
        print "ok"
    except Exception as e：
        print e.message
```

地图集页面见图 8-29。

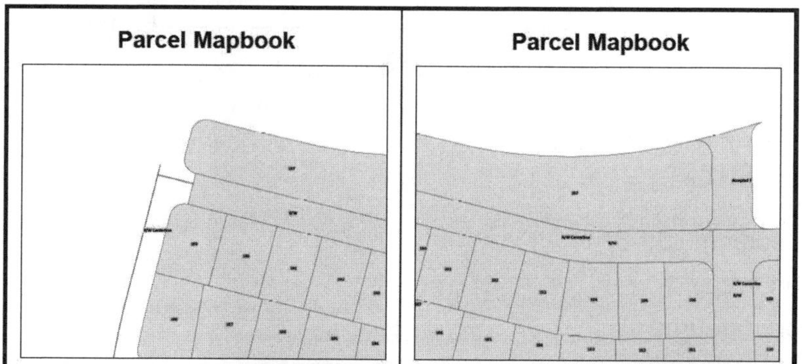

图 8-29　地图集页面

案例 22 NetCDF 时间序列出图

一、问题描述

本案例将存储了多个年份世界温度的 NetCDF 数据，按照指定的时间间隔批量输出成温度图。由于时间信息隐藏在 NetCDF 文件中，在 ArcMap 中每次只能手动设置一次时间变量值并导出地图，而采用脚本则可以实现自动化处理，再通过配置好的地图模板（包含地图版面布局信息和图层渲染效果），即可实现快速批量出图。

二、程序处理流程

程序处理流程见图 8-30。

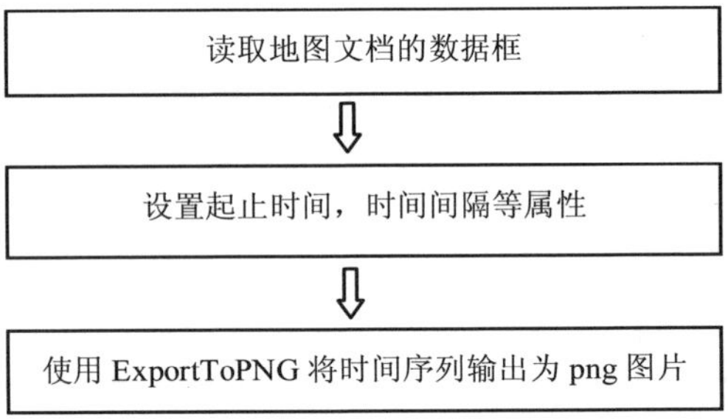

图 8-30 程序处理流程

三、完整代码

```
# -*- coding：utf-8 -*-
import arcpy
import datetime
import os

mxd = arcpy.mapping.MapDocument（r"C:\PYDATA\CH08\NetCDF.mxd"）
df = arcpy.mapping.ListDataFrames（mxd，"Layers"）[0]
```

```
#设置图层的时间属性
df.time.resetTimeExtent（）
df.time.timeWindowUnits = "YEARS"
df.time.currentTime = datetime.datetime（1875，1，1）
endTime = datetime.datetime（2095，1，1）

#设置时间间隔为 10 Years
interval = arcpy.time.EsriTimeDelta（10，'years'）
while df.time.currentTime <= endTime：
    #定义输出图片文件名，截取时间信息的前一部分
    #例如"1875-01-01 00:00:00"，输出的文件名为 1875-01-01
    fileName = str（df.time.currentTime）.split（" "）[0] + ".png"
    #设置地图文档的标题，例如 1875 年温度图
    mxd.title=str（df.time.currentTime）.split（" "）[0][0:4]+"年温度图"
    #按时间序列导出为 PNG 格式图片
    arcpy.mapping.ExportToPNG（mxd，os.path.join（r"C:\PYDATA"，fileName））
    df.time.currentTime = df.time.currentTime + interval
del mxd
```

批量生成的各年份温度图见图 8-31。

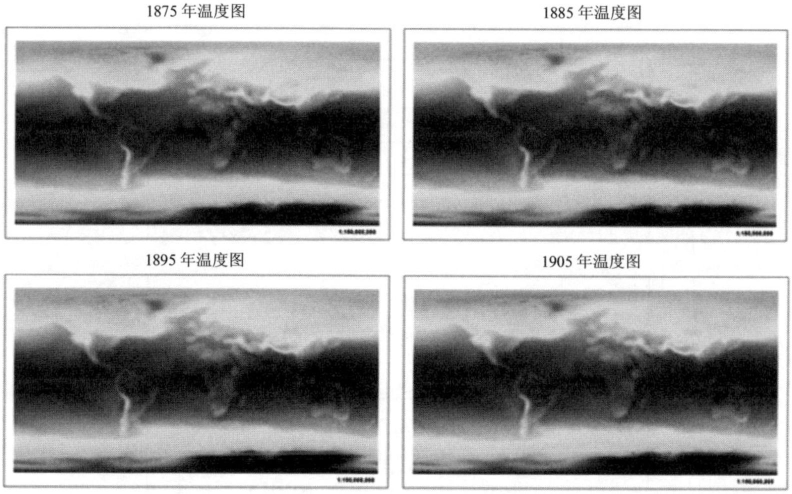

图 8-31 批量生成的各年份温度图

案例 23 $PM_{2.5}$ 动态热度图

一、问题描述

本案例将演示如何利用本章 8.5 节介绍的热度图制作方法，对全国 $PM_{2.5}$ 浓度分布情况进行动态的展示。所使用数据来自 AQI 发布的每日 $PM_{2.5}$ 监测数据（在线地址为 http：//aqi.cga.harvard.edu/china，由于站点数量有限，仅供粗粒度展示）。本案例抽取了 2014 年国庆七天的 $PM_{2.5}$ 数据，并对下载到的原始数据进行了简单处理，存储为 csv 格式，注意 csv 表格中必须有两列存储 XY 坐标值（该数据中为经纬度坐标），每一行记录代表一个监测站点的数据。案例所使用数据位于 PYDATA\Database\PM25 文件夹下。

二、程序处理流程

程序处理流程见图 8-32。

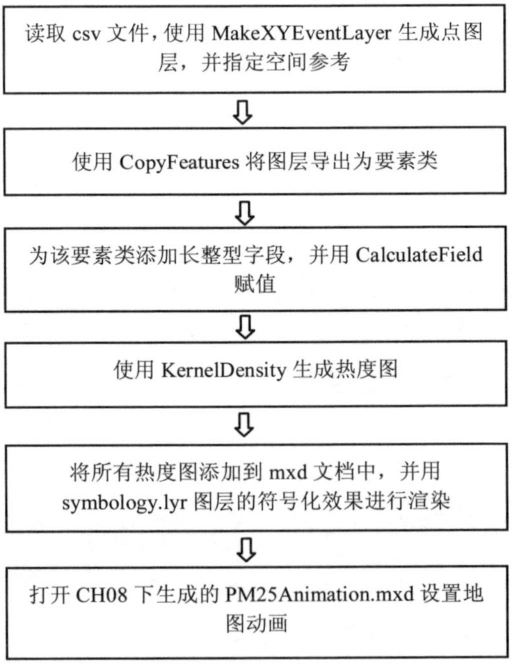

图 8-32 程序处理流程

三、完整代码

```
# -*- coding：utf-8 -*-
import arcpy
from arcpy.sa import *
arcpy.env.overwriteOutput=True
arcpy.env.workspace="C:\\PYDATA\\Database\\PM25"
mxd_file="C:\\PYDATA\\CH08\\PM25.mxd"
#获取 mxd 对象及数据框和组图层
mxd = arcpy.mapping.MapDocument（mxd_file）
df = arcpy.mapping.ListDataFrames（mxd）[0]
targetGroupLayer = arcpy.mapping.ListLayers（mxd，""，df）[0]

#遍历 csv 文件生成点数据
def createFeatureClass（filename）：
    in_Table = filename
    x_coords = "longitude"
    y_coords = "latitude"
    out_Layer = "pm"+filename[0：-4]
    new_fc=out_Layer +".shp"
    # 指定其空间参考系统为 WGS 1984
    spRef =arcpy.SpatialReference（4326）
    try：
        #生成监测站点数据集
        arcpy.MakeXYEventLayer_management（in_Table，x_coords，
                                  y_coords，out_Layer，spRef）
        arcpy.CopyFeatures_management（out_Layer，new_fc）
        #因为后面进行核密度计算时不能直接用 text 类型的字段，因此为该
#要素类添加长整型字段，并使用字段计算器为其赋值
        arcpy.AddField_management（new_fc，"PM25NEW"，"LONG"）
        arcpy.CalculateField_management （ new_fc ， "PM25NEW" ，
"[pm25]"，"VB"）
    except Exception as e：
```

```
            print e.message
        del out_Layer
        createDensityMap（new_fc）

#生成热度图
def createDensityMap（fc）：
        populationField = "PM25NEW"
        cellSize = 0.2
        searchRadius = 2
        outname="kd"+fc[2：-4]
        print outname
        #生成热度图
        #在分析环境中设置掩膜和范围与 China 一致
        arcpy.env.extent="China.shp"
        arcpy.env.mask="China.shp"
        outDensity = KernelDensity（fc，populationField，cellSize，
                                  searchRadius，"SQUARE_MAP_UNITS"）
        #保存栅格文件
        outDensity.save（outname）
        addToMap（outname）

#设置栅格的图层符号化效果并添加到组图层
def addToMap（filename）：
        #保存图层
        outRasterLayer=filename
        arcpy.MakeRasterLayer_management（filename，"outlayer"）
        arcpy.SaveToLayerFile_management（"outlayer"，outRasterLayer）
        addLayer = arcpy.mapping.Layer（outRasterLayer）
        sourceLayer=arcpy.mapping.Layer
（"C:\\PYDATA\\Database\\PM25\\ symbology.lyr"）
        #设置符号化效果
        arcpy.mapping.UpdateLayer（df，addLayer，sourceLayer，True）
        #将图层添加到地图文档中的组图层
```

```
    arcpy.mapping.AddLayerToGroup（df，targetGroupLayer，addLayer，
"BOTTOM"）

if __name__ == '__main__':
    arcpy.CheckOutExtension（"spatial"）
    for csv_file in arcpy.ListFiles（"*.csv"）:
        createFeatureClass（csv_file）
mxd.saveACopy（"C:\\PYDATA\\CH08\\PM25Animation.mxd"）
    arcpy.CheckInExtension（"Spatial"）
```

打开 PYDATA\CH08 下的 PM25Animation.mxd，生成的 7 个图层已经设置好了图层渲染效果。

打开 ArcMap 中的动画（Animation）工具条，按照本章 8.6.1 小节介绍的方法设置组图层动画。点击该工具条上的 Create Group Animation，在打开对话框中选择 New Group Layer，点击 OK，再点击该工具条上最右边按钮（Open Animation Controls）打开动画播放面板即可播放地图动画。另外，选择该工具条上的 Export Animation 还可以将地图动画导出为 avi 视频格式（见图 8-33）。本案例预先生成的视频位于 PYDATA\Database\PM25\PM25Animation.avi。

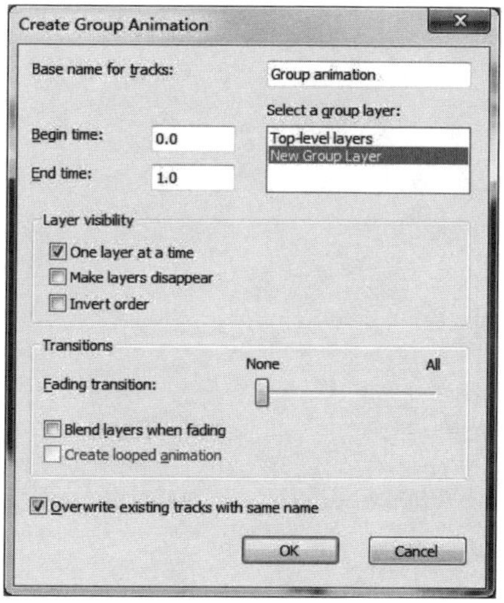

图 8-33 动画设置与视频导出

8.7 本章小结

地图是空间数据可视化的载体，将空间分析的结果以地图的形式展现，才能直观地被用户理解，发现数据的分布特征和规律。因此，同 GIS 打交道的一项重要工作就是地图的制作。本章以 ArcPy.mapping 制图模块为主线，结合具体案例介绍了地图文档和图层的操纵方法，地图集的生产以及动态图、热度图的制作。除了 ArcGIS 的强大制图模块之外，Python 还提供了专门用于绘图的第三方库 matplotlib，其中 basemap 类负责地图的绘制。第三方库的安装方法详见本书附录 C 部分。

第三部分 Python 与 ArcGIS：执子之手

这一部分将展示 Python 与 ArcGIS 是如何紧密集成在一起的。一方面 Python 可以与 ArcGIS 中的 Geoprocessing 框架集成在一起，基于 Python 脚本程序创建 ArcToolbox 工具，直接在 ArcGIS 中执行；另一方面，在 ArcGIS Desktop10.1 中，还支持 Add-Ins 的插件式开发方式，通过 Python 进行自定义工具、按钮、扩展模块的开发，实现桌面端的 DIY 定制和扩展。因此，掌握了 Python 这门利器，使用 ArcGIS 便如虎添翼，您不再只是一个使用者，而将从此成为一个开发者，可以在 ArcGIS 平台上大显身手。

第 9 章　脚本工具——集成于 ArcToolbox

前面章节中我们使用到的脚本程序，都采用了“硬编码”的方式，例如用固定路径指定输入输出数据，一旦数据的路径发生变化就要将代码进行改动。考虑到程序的灵活性，需要把“硬编码”的方式替换为动态获取参数的方式。通过这种方式，可以把脚本程序集成于 ArcToolbox，制作成可以嵌入到 ArcGIS 中执行的工具，从工具界面上获取参数，从而实现自定义 ArcToolbox 工具的开发，对 Geoprocessing 框架进行灵活的扩展。

9.1　设置脚本参数

要动态地获取参数，首先要把“硬编码”的方式替换为允许用户输入参数的方式。需要替换的内容，即将来在工具界面上开放给用户的参数，通常包括输入输出数据和一些可调整的工具参数，例如缓冲区距离等。动态参数的获取有两种方法：

arcpy.GetParameterAsText( )　　（1）

sys.argv[]　　（2）

第一种方式是 arcpy 站点包获取动态参数的方法，括号内的索引从 0 开始，对应第一个参数；第二种方式是 Python 内置的获取命令行参数的方法，sys.argv[0]表示代码自身文件路径，因此要从 sys.argv[1]开始取参数。但是 sys.argv[]不能在 Python Window 中执行，也不能用于 ArcGIS Server 的 Geoprocessing 服务调用，因此，建议使用 arcpy.GetParameterAsText（）的方式。

设置了动态参数的代码在执行的时候，需要交互式输入参数才能正常运行，交互式输入方法根据开发环境的不同而有所不同，这里分别介绍在 Pythonwin 和 PyScripter 中输入动态参数的方法。

（1）Pythonwin 动态参数执行方法

点击 Run 执行命令会弹出下面的对话框，默认会将当前窗口的脚本文件设置为 Script File，在 Arguments 中依次填入动态参数，路径不需要有双引号，多个参数用空格分开。图 9-1 为需要输入两个动态参数的示例写法：

C:\PYDATA\Database\Zion.gdb C:\PYDATA\Database\Zion_clip.gdb

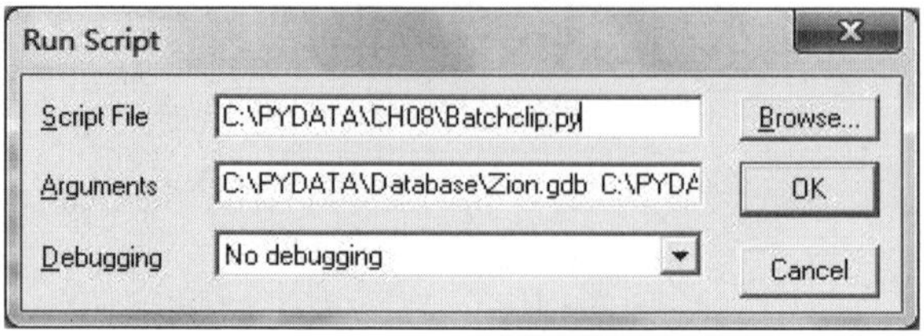

图 9-1 Pythonwin 中动态参数填写

（2）PyScripter 动态参数执行方法

在 PyScripter 中执行动态参数则需要先在 Project Explorer 的 Run Configuration 下新建一个调试器，然后在打开的对话框中指定 Python Scripter 的 File Name 和 Parameters，参数的写法同第一种方法，另外需要将 Python Engine 设置为 Internal。设置完成后在该调试器的右键中选择 Run 来执行（见图 9-2）。

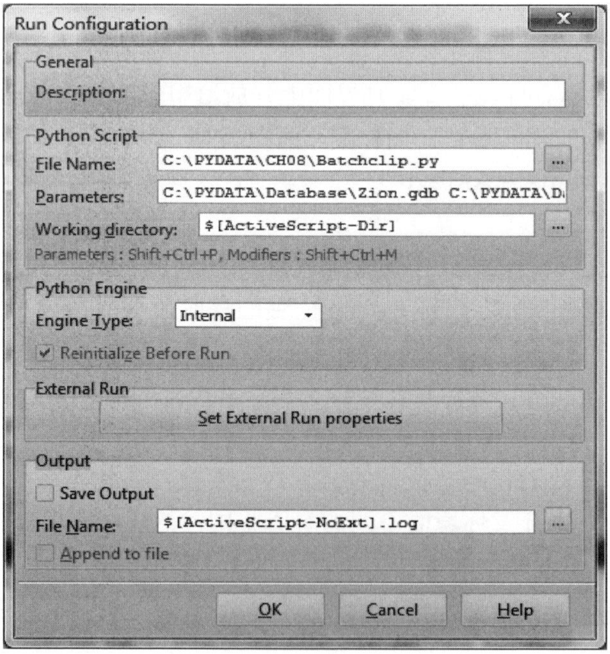

图 9-2 Python Scripter 中动态参数填写

9.2 设置工具属性

将包含动态参数的脚本添加到 ArcToolbox 框架中，不仅可以以对话框的方式来运行，而且可以作为一个 Geoprocessing 工具，在模型或脚本中调用。添加的脚本工具放置在自定义工具箱中，因此需要新建一个 Toolbox，操作步骤如下所示：

（1）在文件夹的右键菜单中选择 New—Toolbox，然后在自定义工具箱的右键菜单中选择 Add—Script（见图 9-3）；

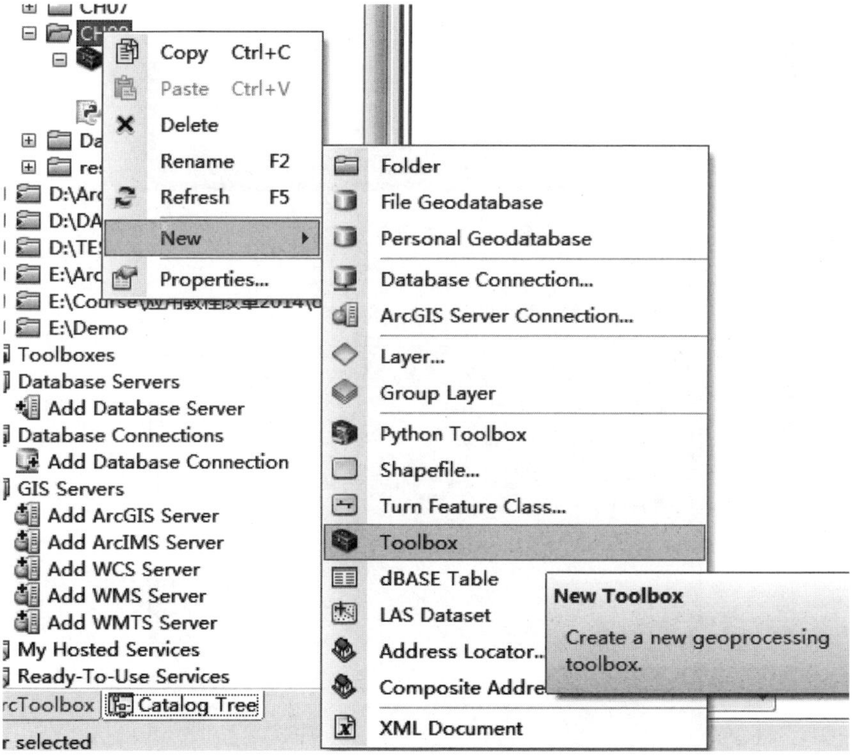

图 9-3 新建工具箱

（2）在打开的脚本工具向导中，设置工具的名称，Label 可以是中文命名，但 Name 不推荐用中文命名（见图 9-4）；

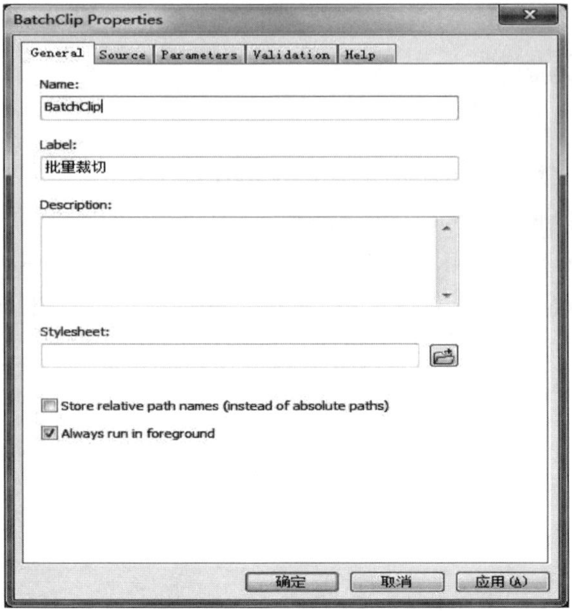

图 9-4　工具箱命名

（3）指定脚本文件的路径（见图 9-5）；

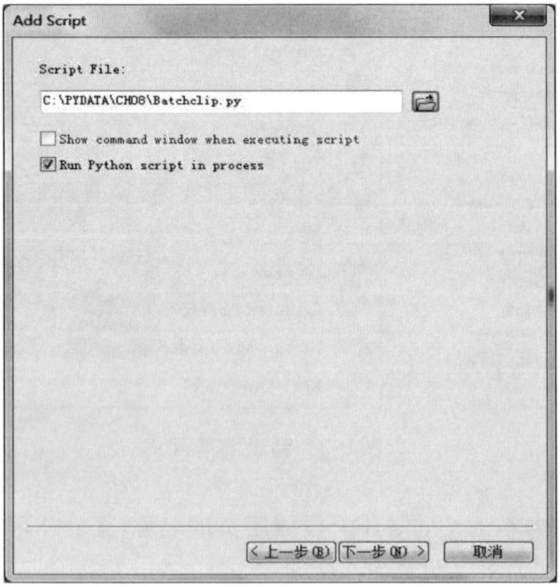

图 9-5　指定脚本文件路径

（4）设置工具参数，这里的参数顺序要同脚本中的动态参数顺序一致，并且数据类型也要一致。例如这里要设置三个参数（见图 9-6），分别为：

①输入的工作空间——类型为 Workspace（工作空间，可以是文件夹或数据库），Type 为 Required（必填参数），Direction 为 Input（输入参数）；

②输出数据库——类型为 Workspace（工作空间，可以是文件夹或数据库），Type 为 Required（必填参数），Direction 为 Output（输出参数）；

③裁切要素类——类型为 Feature Class，Type 为 Required（必填参数），Direction 为 Input（输入参数），在 Filter 中选择 Polygon（见图 9-7）。

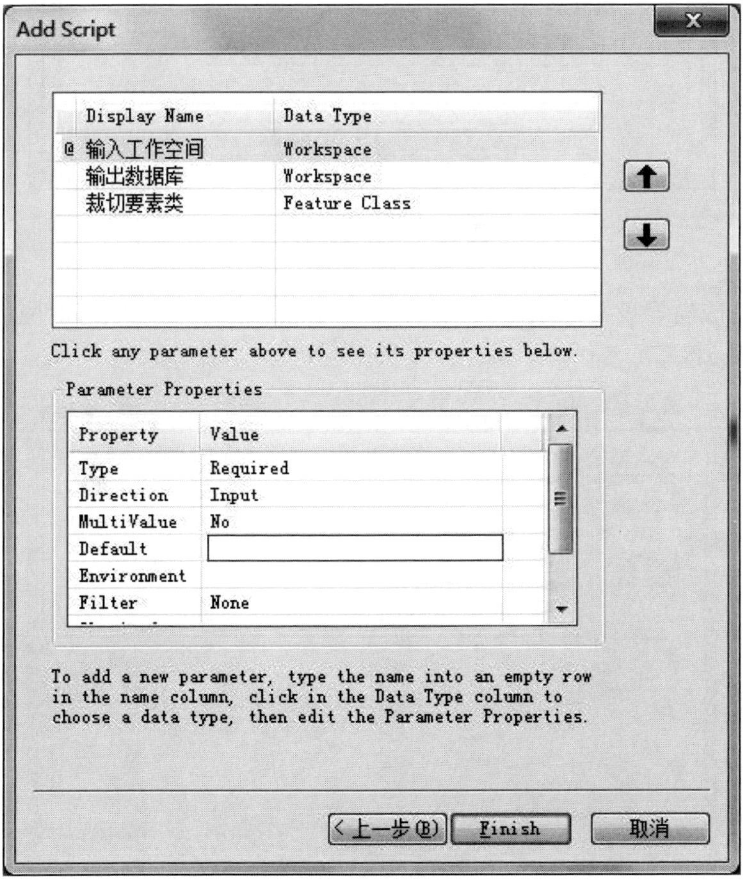

图 9-6 添加脚本工具参数

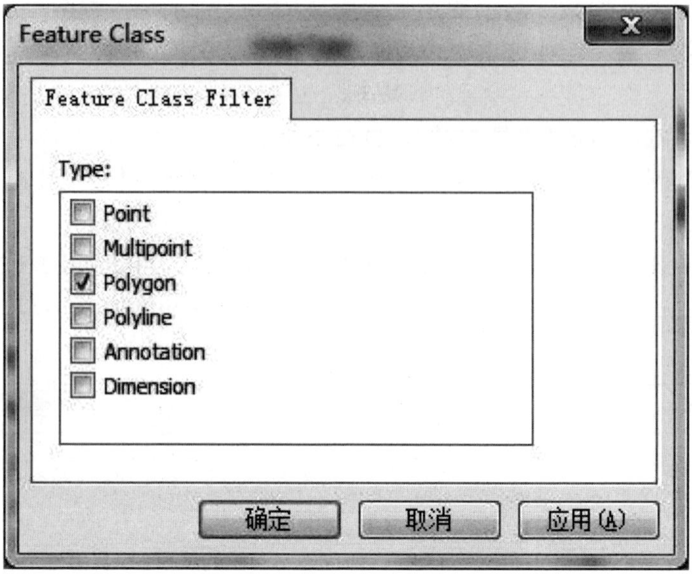

图 9-7 选择几何类型

（5）完成向导设置，双击该工具，在打开的工具界面中填写对应的参数即可执行（见图 9-8）。

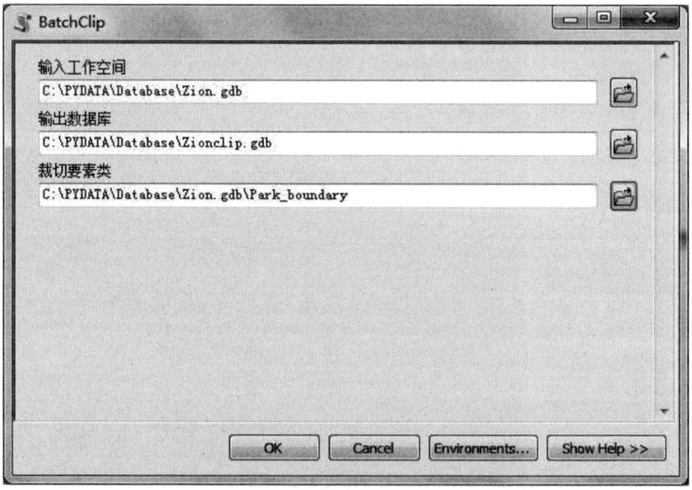

图 9-8 以对话框方式执行脚本工具

通过以上步骤，就制作出了一个同系统工具一样的 Geoprocessing 工具，这充分体现了 Geoprocessing 的灵活性和可扩展性。这时再执行 Python 脚本就不需要借助于其他的 Python IDLE 了，用户也无须学习脚本程序的执行方法，直接打开工具界面，填写参数即可。这种方式完美地实现了 Python 同 ArcGIS 的紧密耦合，同时也方便工具的共享和复用。

案例 24 自定义 ArcToolbox 工具

在本章 9.2 小节的案例中，实现了一个批量裁切的算法，可以一次性完成指定数据库下的所有要素类的裁切，该工具的 Python 源代码如下所示。完成该代码后，按照 9.2 的步骤即可完成 ArcToolbox 脚本工具的创建。

```
# -*- coding：utf-8 -*-
#-------------------------------------------------------------------------------
# Name:        BatchClip
# Purpose：clip all the feature class in Zion Prak with boundary
# Author:      WANGSH
#-------------------------------------------------------------------------------
import arcpy
import os
#设置输出结果可覆盖
arcpy.env.overwriteOutput=True
#arcpy.env.workspace = r"C:\PYDATA\Database\Zion.gdb"
#获取第一个参数，输入的需裁切数据库
arcpy.env.workspace=arcpy.GetParameterAsText（0）
#new_gdb=r"C:\PYDATA\result\ZionClip.gdb"
#获取第二个参数，生成新的数据库
new_gdb=arcpy.GetParameterAsText（1）
#获取第三个参数，裁切的面要素类
clip_fc=arcpy.GetParameterAsText（2）

if not arcpy.Exists（new_gdb）:
    arcpy.CreateFileGDB_management（os.path.dirname（new_gdb）,
```

```
os.path. basename（new_gdb））

    listFC = arcpy.ListFeatureClasses（"*"，"All"）
    #loop for all the featureclass
    for fc in listFC：
        if（fc==clip_fc）：
            print "it is boundary"
        else：
            new_name=fc+"_clip"
            #join the full output feature class name with '\'
            output=new_gdb+os.path.sep+new_name
            arcpy.Clip_analysis（fc，clip_fc，output）
```

9.3 本章小结

将脚本程序集成在 ArcGIS 的 Geoprocessing 框架下，不仅有利于代码的复用，而且还有助于同他人共享您的工具。您可以基于开放的 Geoprocessing 框架，构建自己的工具，对 ArcGIS 的功能进行扩展。但是通常这种情况只适用于数据的处理和分析，并不同地图交互。如果需要在地图交互时触发某些命令，例如在地图上绘制图形，那么还可以开发自定义交互工具或命令按钮，这就是下一章要介绍的 Add-Ins 插件式开发方式。

第 10 章　插件式开发——桌面软件 DIY

在第 9 章我们介绍了如何将 Python 脚本程序集成到 ArcToolbox 工具箱，制作出方便复用和共享的自定义 Geoprocessing 工具。但是如果自定义开发的工具需要同地图交互，那么 Geoprocessing 工具并非是理想的选择。这时，我们需要选择桌面扩展开发，实现自定义按钮、工具、菜单或者扩展模块等。这些组件可以紧密集成在桌面环境中，掌握了桌面扩展开发，也就可以自由地对桌面软件进行 DIY。

对于桌面的扩展开发，主要有两种方式。在 ArcGIS 10.0 版本前是通过 COM 开发来实现，即基于 ArcObjects 组件通过.NET 或 C++编译成 dll 文件，然后在操作系统中进行注册。从 ArcGIS 10.0 开始，提供了一种全新的 Add-Ins 插件开发方式，支持.NET 和 Java，并且从 ArcGIS 10.1 版本开始支持 Python。插件式的开发方式不需要编译 dll，也不需要 ArcObjects，更加容易创建和共享，是一种优秀的桌面扩展开发解决方案。

10.1　Add-Ins 插件式开发

ArcGIS 为桌面用户提供了“即插即用”的插件式开发模式，对于用户自定义开发的工具条、菜单、扩展模块等都能够与宿主程序无缝集成，方便且易于维护。ArcGIS 的早期版本，可以使用 VBA，.NET 或 C++基于 ArcObject 进行桌面扩展开发，但这无形中提高了对开发者的要求。而 Add-Ins 的插件式开发不需要用户掌握 ArcObjects 复杂的接口和对象知识，用更少的代码便可完成同样的功能。并且 ArcGIS 10.1 版本正式抛弃了 VBA，对于不熟悉.NET 和 Java 编程的用户来说，Python 无疑成了最佳的选择。

Python Add-Ins 的使用需要通过向导工具（Python Add-In Wizard）见图 10-1 来辅助完成，该工具的下载地址为 http：//www.arcgis.com/home/item.html？id=5f3aefe77f6b 4f61ad3e4c62f30bff3b（见光盘中 CH10 目录下的 addin_assistant.zip）。

通过该向导工具可以设置所添加的扩展模块、菜单和工具条等的属性信息。该向导会在工作目录下生成若干文件和文件夹，包括 config.xml 文件，对加载项进行描述，Image 文件夹存储工具或按钮的图标，makeaddin.py 用来打包插件，Install 文件夹存储脚本文件（见图 10-2）。

图 10-1　向导工具对话框

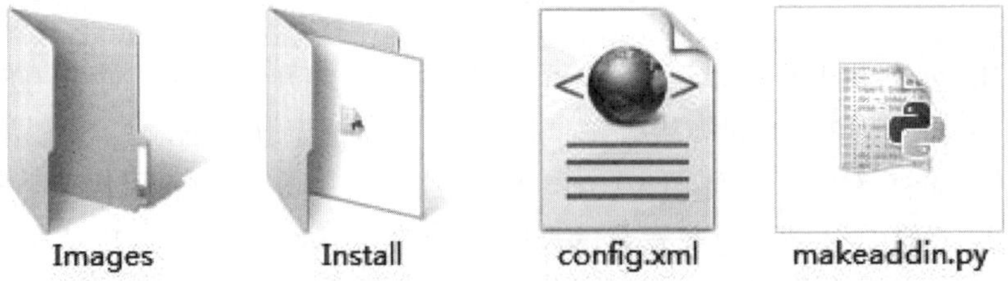

图 10-2　向导工具目录

在向导工具中完成自定义插件的设置后，会在 Install 文件夹中生成一个后缀为 py 的脚本文件，这个文件是创建自定义工具的核心文件，可以在 Python 开发环境中进行功能代码的书写。编写完保存此脚本后双击 makeaddin.py 运行，会在该目录下生成一个后缀是.esriaddin 的文件，双击该文件会弹出下面的对话框，进行插件注册（见图 10-3）。注册后打开 ArcMap 即可看到自定义工具条，如果没有自动出现，打开 Customize（自定义）菜单下 Add-In Manager，点击该对话框中的 Customize 勾选自定义工具条（见图 10-4）。

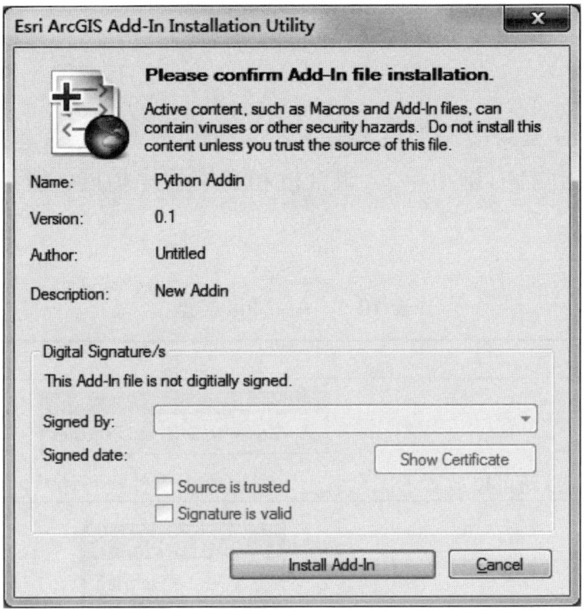

图 10-3 插件注册对话框

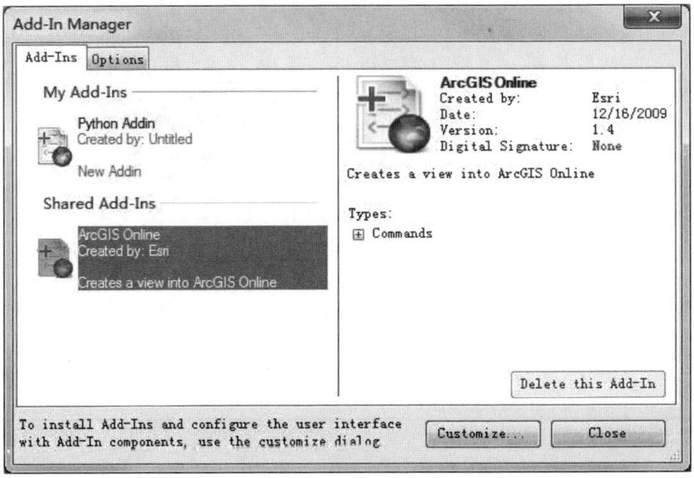

图 10-4 ArcMap 插件管理器

这种插件式的开发方式很容易通过文件拷贝、e-mail、网络发布等形式实现共享，比注册 dll 的方式更为方便。但是插件只能向后兼容，ArcGIS 10.1 开发的插件可以在 ArcGIS 10.2 中运行，但不能在 ArcGIS 10.0 中运行。

10.2　Add-Ins 类型

Python Add-Ins 支持的类型主要有 6 种，分别是工具条（包括按钮和工具）、工具面板、菜单（包括右键菜单）、组合框和应用程序扩展，但不支持可停靠窗体（见表 10-1）。

表 10-1　Add-Ins 类型

Add-Ins 类型	描述
按钮	 按钮可以放置于工具条上，通过点击事件执行函数，不需要同地图交互
工具	 放置于工具条上，通过不同的鼠标事件执行函数，同地图有交互
工具条	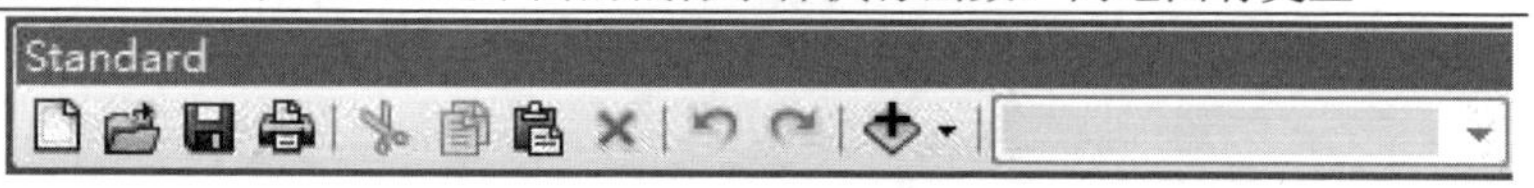 放置按钮、工具、工具面板、菜单、组合框的容器
工具面板	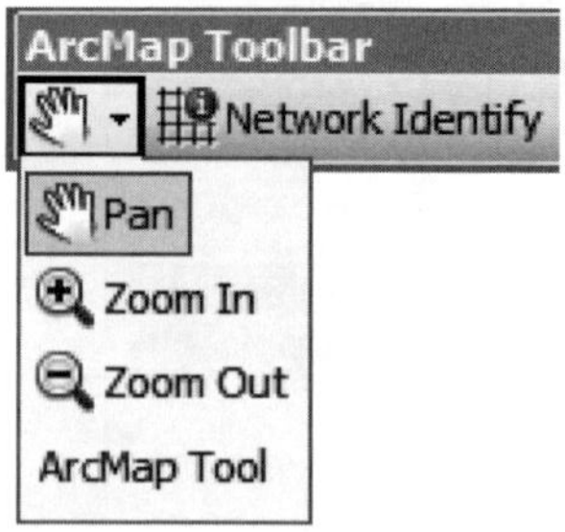 专门放置工具的容器

<table>
<tr><th>Add-Ins 类型</th><th>描述</th></tr>
<tr><td>菜单</td><td>
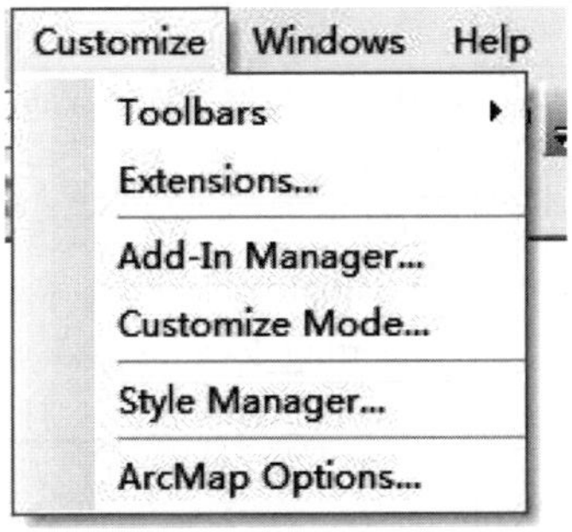

包括主菜单以及右键菜单，可以放置子菜单和按钮</td></tr>
<tr><td>组合框</td><td>
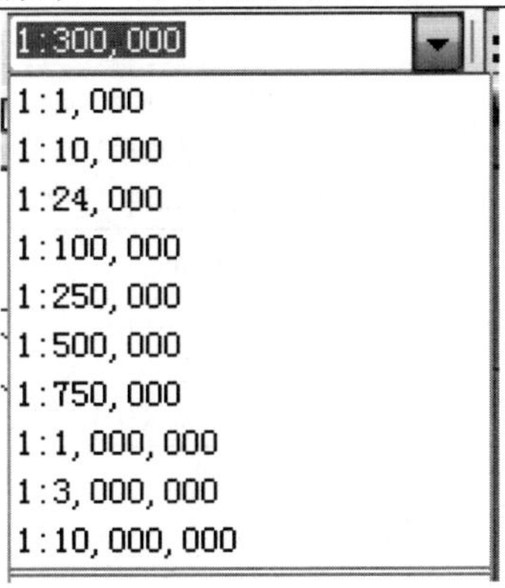

下拉列表，通过选择事件执行函数</td></tr>
<tr><td>应用程序扩展</td><td>

可以将一组相似的功能放在扩展中，例如 ArcGIS Desktop 中的空间分析扩展模块、三维分析扩展模块等，通过自定义扩展（Customize-Extension）勾选加载</td></tr>
</table>

不同类型的 Add-Ins 对应不同的响应函数，编写代码时注意不要混淆。除此之外，开发时还可以用 import pythonaddins 语句导入 Python Add-Ins 模块，其内置函数可以打开选择数据对话框，打开 Geoprocessing 工具对话框以及弹出消息框等（见表 10-2）。

表 10-2 Python Add-Ins 模块

函数	描述
OpenDialog（{title}，{multiple_selection}，{starting_location}，{button_caption}）	打开选择数据对话框，返回数据完整的路径，如果选择多个数据，返回路径列表 • {title}——标题 • {multiple_selection}——是否多选 • {starting_location}——对话框打开时的初始位置 • {button_caption}——打开该对话框所对应的按钮的名称
SaveDialog（{title}，{name_text}，{starting_location}）	打开保存数据对话框，返回保存的完整路径 • {title}——标题 • {name_text}——保存的名字 • {starting_location}——对话框打开时的初始位置
GPToolDialog（toolbox，tool_name）	打开一个 Geoprocessing 工具 • toolbox——所在工具箱名称 • tool_name——工具名称
MessageBox（message，title，{mb_type}）	弹出一个消息框 • message——消息内容 • title——标题 • {mb_type}——按钮类型，默认值为 0，即只有一个 OK 按钮
GetSelectedTOCLayerOrDataFrame（）	返回在图层列表窗口（Table of Content）中选中的数据框（Data Frame）或图层（Layer）名称

10.3 创建项目

在这一小节中，我们将创建一个自定义工具条，包含一个将视图范围缩放至所选择要素的按钮和一个产生随机点的工具。完整的实现流程如下：

（1）打开向导工具，在 bin 文件夹下双击打开 addin_assistant.exe，选择目标文件夹为 C:\PYDATA\CH10，完成后先不需要点击 Save，切换到 Add-In Contents 选项卡。在 TOOLBARS 上面右键选择 New Toolbar，命名为 TestToolbar。然后再右键新建 New Button，命名为 ZoomToSelectedFeatures，设置属性及图标，用同样的方法新建 New Tool，命名为 RandomPoint，设置完属性后点击 Save（见图 10-5～图 10-7）；

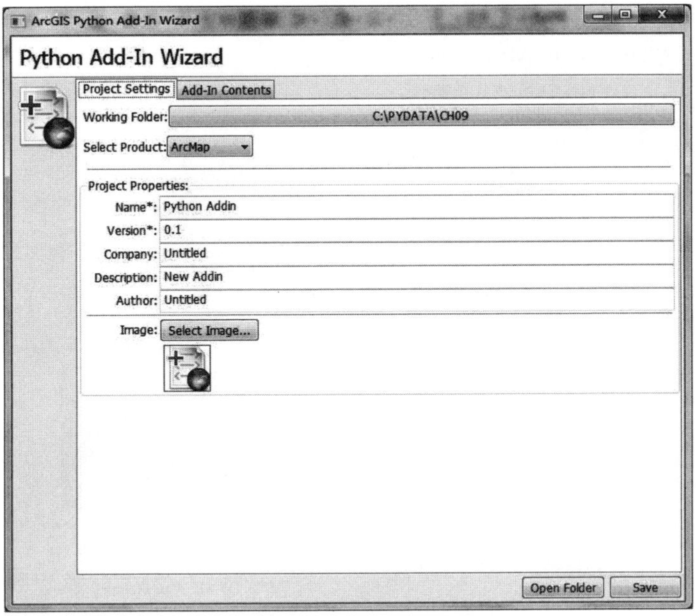

图 10-5　创建项目

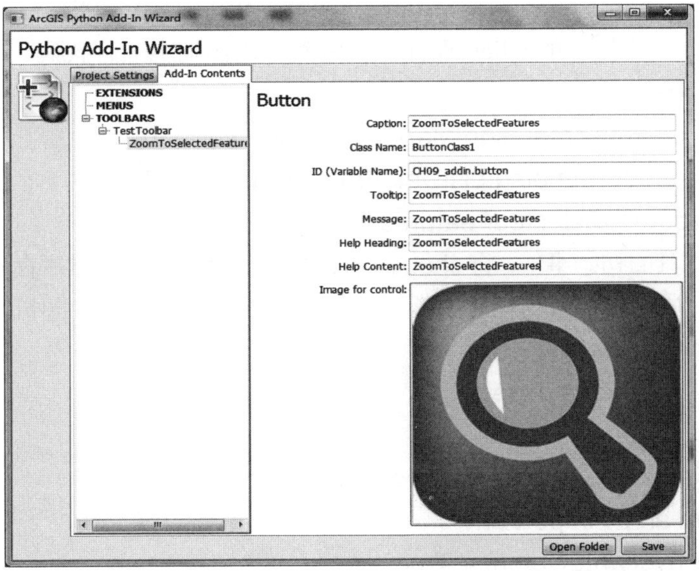

图 10-6　新建工具条

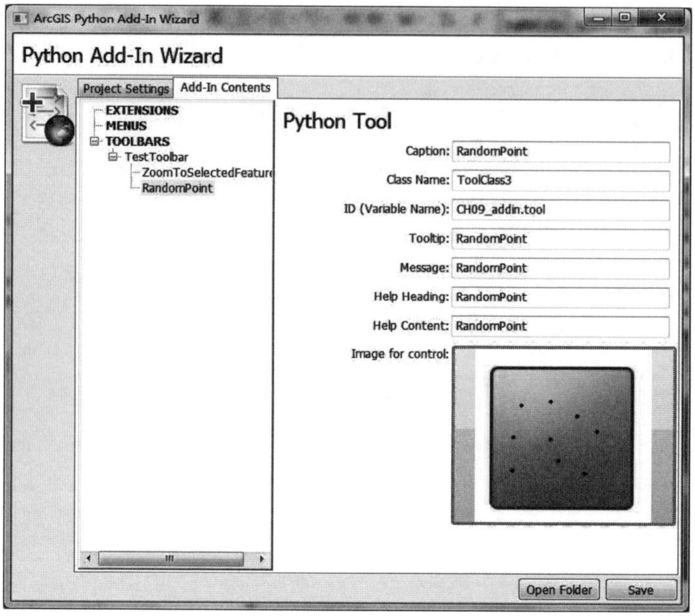

图 10-7　在工具条上添加按钮和工具

（2）点击 Open Folder，在 install 文件夹中找到 CH10_addin.py，打开进行代码编辑。首先找到按钮的 Click 事件，在函数体内部加上三行代码：

```
def onClick（self）:
    mxd = arcpy.mapping.MapDocument（'current'）
    df = arcpy.mapping.ListDataFrames（mxd）[0]
    df.zoomToSelectedFeatures（）
```

再找到工具的初始事件，将 shape 属性设置为 Rectangle，然后在 onRectangle 事件中编写代码，实现绘制一个矩形，并在矩形内自动生成 50 个随机点的功能。

```
def __init__（self）:
    self.enabled = True
    self.shape = "Rectangle"
def onRectangle（self，rectangle_geometry）:
    from arcpy import env
    env.overwriteOutput = True
    ext = rectangle_geometry
    arcpy.CreateRandomPoints_management （ "C:\\pydata\\ch09" ，
```

```
"randompoints. shp", "", ext, 50)
            MakeFeatureLayer_management
("C:\\pydata\\ch09\\randompoints. shp", "lyr")
            featureLayer = arcpy.mapping.Layer("lyr")
            featureLayer.name = "randompoints"
            arcpy.mapping.AddLayer(df, featureLayer)
            arcpy.RefreshTOC()
```

（3）保存代码，在 CH10 文件夹下双击运行 makeaddin.py，会在该文件夹下自动生成一个 CH10.esriaddin，双击打开该文件进行插件注册（见图 10-8）；

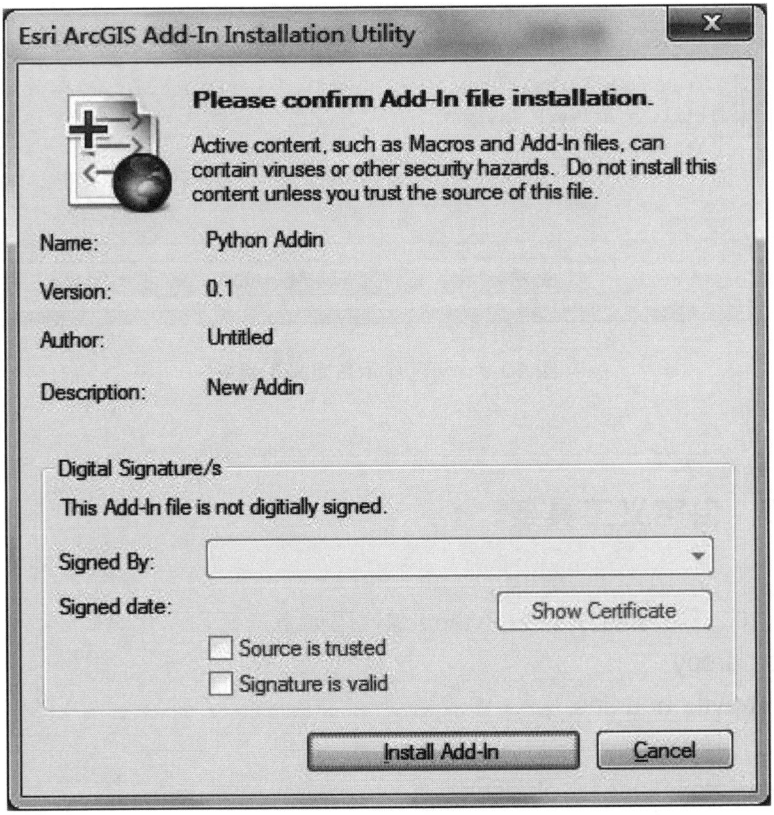

图 10-8 工具条注册

（4）打开 ArcMap，即可看到自定义工具条，如果没有自动出现，可以在自定义（Customize）菜单中选择自定义模式（Customize mode），在打开的对话框中手动勾选所创建工具条的名称（见图 10-9）。

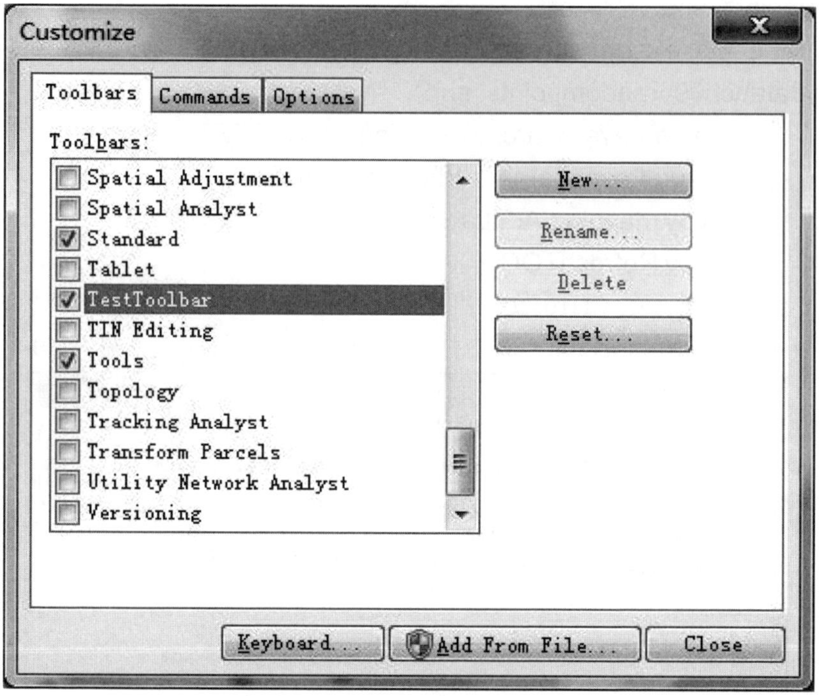

图 10-9　勾选显示自定义工具条

案例 25　自定义工具条

本章 10.3 节所创建工具的 Python 源代码如下：

```
import arcpy
import pythonaddins

class ButtonClass1（object）:
    """Implementation for CH09_addin.button（Button）"""
    def __init__（self）:
        self.enabled = True
        self.checked = False
    def onClick（self）:
```

```
            mxd = arcpy.mapping.MapDocument（'current'）
            df = arcpy.mapping.ListDataFrames（mxd）[0]
            df.zoomToSelectedFeatures（）

class ToolClass3（object）：
    """Implementation for CH09_addin.tool（Tool）"""
    def __init__（self）：
        self.enabled = True
        self.shape = "Rectangle" # Can set to "Line"， "Circle" or
"Rectangle" for interactive shape drawing and to activate the
onLine/Polygon/Circle event sinks.
    def onMouseDown（self，x，y，button，shift）：
        pass
    def onMouseDownMap（self，x，y，button，shift）：
        pass
    def onMouseUp（self，x，y，button，shift）：
        pass
    def onMouseUpMap（self，x，y，button，shift）：
        pass
    def onMouseMove（self，x，y，button，shift）：
        pass
    def onMouseMoveMap（self，x，y，button，shift）：
        pass
    def onDblClick（self）：
        pass
    def onKeyDown（self，keycode，shift）：
        pass
    def onKeyUp（self，keycode，shift）：
        pass
    def deactivate（self）：
        pass
    def onCircle（self，circle_geometry）：
        pass
```

```
        def onLine（self，line_geometry）：
            pass
        def onRectangle（self，rectangle_geometry）：
            from arcpy import env
            env.overwriteOutput = True
            ext = rectangle_geometry
            arcpy.CreateRandomPoints_management（"C:\\pydata\\ch09",
"randompoints.shp"，""，ext，50）
            MakeFeatureLayer_management（"c:
\\pydata\\ch09\\randompoints.shp"，"lyr"）
            featureLayer = arcpy.mapping.Layer（"lyr"）
            featureLayer.name = "randompoints"
            arcpy.mapping.AddLayer（df，featureLayer）
            arcpy.RefreshTOC（）
```

10.4 本章小结

插件式开发提供了对桌面进行扩展的强大功能，如添加按钮、工具、扩展模块等等。您可以像搭积木一样 DIY 桌面软件，不必再去学习复杂的 ArcObjects 接口，利用 Python 可以轻松地完成这个工作。通过 ArcToolbox 脚本工具和桌面插件式开发这两种途径，把 ArcGIS 桌面软件和 Python 紧密联系在了一起，依托于 ArcGIS 强大的数据管理和可视化功能，您只需要书写少量的代码便可以完成复杂的工作。至此，Python 和 ArcGIS 的交互已经全部介绍完了，在下一部分的延伸阅读中，将会介绍如何使用 Rpy2 实现 Python 与 R 语言的交互，调用 R 强大的统计分析功能。通过 Rpy2 这个中间桥梁，ArcGIS 与 R 的通信也将成为可能。

第四部分：延伸阅读　Python 与 R 交互

Python 的优势在于其胶水语言的特性，Python 提供了丰富的内置库和第三方扩展包，以便程序员能够轻松地使用 C 语言、C++、Cython 来编写扩展模块。Python 解释器不仅自身可以被集成到其他能够调用脚本语言的程序内，而且更为强大的是可以将其他语言编写的程序在 Python 中进行集成和封装。

而 R 的优势在于有包罗万象的统计函数可以调用，特别是在时间序列分析方面（主要用在金融分析与趋势预测），无论是经典还是前沿的统计方法都有相应的扩展包，Python 在这方面则有所欠缺。

总的来说，Python 是一套比较平衡的语言，各方面工作都可以应对，而 R 在统计分析方面比较突出。但数据分析不仅仅是统计，还包括数据收集、数据处理、数据抽样等前期工作以及比较复杂的聚类、异常探测等挖掘算法。如果数据较大（大于 100M），R 不仅处理速度慢，且占用内存巨大，而 Python 可以直接处理上 GB 的数据。如果把 Python 和 R 结合起来使用，发挥 Python 处理大数据的优势和 R 便捷的统计分析功能，则会提高数据分析的效率，节省大量的精力和时间。

那么如何实现 Python 和 R 的交互呢？这个桥梁就是 Rpy，是一个可以在 Python 里调用 R 的 Python 包。目前该接口有两个版本，分别是 Rpy 和 Rpy2，其中 Rpy 已经停止更新，Rpy2 仍在不断更新维护中。因此，本部分主要介绍 Rpy2，Rpy2 是对 Rpy 的重新设计和实现，可以看做 Rpy 的升级，但和 Rpy 使用不同的 API。

第 11 章　初识 R

在学习 Rpy2 之前，我们需要对 R 语言的基本知识有所了解，只有掌握了 R 语言的基本语法知识，才能把 R 和 Python 结合起来，在 Rpy2 中正确调用 R 的函数和功能。

R 是用于统计分析、拥有强大绘图功能的语言和软件系统，它是一个有高度计划性和集成性的系统。R 是在统计领域广泛使用的 S 语言的一个分支。R 是 S 语言的一种实现。S 语言是由 AT&T 贝尔实验室开发的一种用于数据探索、统计分析和作图的解释型语言。最初 S 语言的实现版本主要是 S-PLUS。后来 Auckland 大学的 Robert Gentleman 和 Ross Ihaka 及其他志愿者在 S 语言的基础上进行了改进，由于两人名字的首字母都是 R，于是 R 便成为这门语言的名称。

11.1　R 的特点

R 的使用与 S-PLUS 有很多类似之处，两者有一定的兼容性。S-PLUS 的使用手册，只要经过不多的修改就能成为 R 的使用手册，所以有人说：R，是 S-PLUS 的一个“克隆”。但是请不要忘了：R is free。R 的源代码可自由下载使用，也有已编译的可执行版本可以下载。R 可在多种平台下运行，包括 UNIX（也包括 FreeBSD 和 Linux）、Windows 和 MacOS。R 主要是以命令行形式操作，不过也有人开发了几种图形交互界面。

R 主要有两大功能：数据统计分析和绘图。

R 有很强的兼容性，表现为如下方面：

（1）可通过接口连接数据库，例如 Oracle、DB2、MySQL；

（2）能够被 Python、Java、C、C++等语言进行调用；

（3）提供 WebServices 接口，方便各种应用程序的调用，例如 Google、Twitter、Weibo 等；

（4）大部分统计软件均可调用 R，例如 SAS、SPSS、Statistica 等。

11.2 R 的安装

在 R 的官方网址 http：//www.r-project.org/上可以找到 R 的下载链接，根据实际情况选择网站镜像，可以下载 R 的安装程序。本书使用的是 R3.2.2 版本，安装程序见 C:\PYDATA\Soft。

除了官网安装程序，网上还有很多 R 扩展包的下载站点，其中最为著名的一个是 CRAN。CRAN 为 Comprehensive R Archive Network（R 综合典藏网）的简称。它除了收藏了 R 的可执行文件、源代码和说明文件外，也收录了各种用户撰写的扩展包。现在，全球已经有超过一百个 CRAN 镜像站。

11.3 R 语言基础

11.3.1 第一个 R 会话

下面语句生成 100 个高斯正态分布随机数，并对其统计特性进行描述。

```
> x <-rnorm（100，mean = 3，sd = 2）
> mean（x）
[1] 3.121007
> sd（x）
[1] 2.025643
> summary（x）
   Min.   1st Qu.  Median    Mean 3rd Qu.    Max.
 -1.268    1.814    3.172    3.156  4.415    8.279
```

这里定义了一个名为 x 的变量，通过“<-”把利用 rnorm 函数生成的一列随机数组赋值给了 x，再调用 mean、sd 和 summary 语句计算 x 的均值、标准差。

在学习 R 函数时可以使用 demo（）函数查看示例，比如 R 漂亮的图形演示：demo（graphics）

需要注意的是 R 语言是区分大小写的。

11.3.2 R的符号

（1）基本符号

\>　命令或运算提示符
\+　续行符

（2）算术运算

\+　加号
\-　减号
*　乘号
/　除号
^　乘方

（3）赋值符

<-或->或=

注："<-"或"->"的使用很好地规避了与等号的歧义，但是如果小于号和其他符号连用，比如判断表达式"b<-2"的时候就要注意在"<"两边加空格。

（4）帮助符

?　打开帮助
help（）　打开帮助

示例：

```
>3+5
>3-5
>3/5
>3^5
>x=5
>? plot
>help（plot）
```

11.3.3 向量

向量是R中最基本的数据结构之一，一个向量中元素的类型必须相同，包括：

数值型、逻辑型、字符型和复数型。下面主要从向量的建立、索引、添加和删除元素几个方面介绍向量的操作。

（1）向量的建立

向量的建立可由如下语句完成

c（）	生成任意向量
seq（）或：	生成一个有规律的向量
rep（x，n）	由向量 x 生成一个新向量，新向量重复 n 次 x

示例：

```
> x<-c（42，7，34，9）
> x
[1] 42   7   34   9
> x<-1：10
> x
 [1]  1  2  3  4  5  6  7  8  9  10
>seq（1，10，by=0.5）
>seq（1，10，length=20）
>rep（2：7，2）
>rep（2：7，rep（2，4））
>x=c（42，7，34，9）
```

（2）索引向量

向量子集（元素）的提取可以通过索引向量完成。索引向量可以是以下三种形式：

正整数向量——提取向量中对应的元素

负整数向量——去掉向量中对应的元素

逻辑向量——提出向量中值满足一定条件的元素

需要注意的是，R 中索引向量从 1 开始计数，这与通常的统计软件一致，而 C 语言等向量下标则从 0 开始。

```
> x = c（42，7，64，13）
> x[1]
[1] 42
```

```
> x[-2]
[1] 42 64 13
> x[c（1，4）]
[1] 42 13
> x[x>10]
[1] 42 64 13
```

（3）添加和删除向量元素

把一个元素添加到一个向量中，或从向量中删除某元素可由如下方法完成：

```
> x<-c（23，4，5，14）
> x<-c（x[1：3]，18，x[4]）#在第4个元素位置添加元素18
> x
[1] 23   4   5 18 14
> x<-x[-4]#删除元素18
> x
[1] 23   4   5 14
```

11.3.4 数组和矩阵

（1）创建方式

数组是多维的（带有多个下标）且类型相同的元素的集合。数组由两种方式创建：

①由向量转换得到

假定 z 是一个含12 个元素的向量，那么对 z 的dim属性赋值后就使该向量成为一个数组。

```
> z<-1：12
> dim（z） <-c（3，2，2）
> z
,，1
      [，1] [，2]
[1，]    1    4
[2，]    2    5
[3，]    3    6
```

```
, , 2
      [, 1] [, 2]
[1, ]    7    10
[2, ]    8    11
[3, ]    9    12
```

②通过 Array 创建

```
> z<-1：12
> z <- array（z，dim=c（3，2，2））
```

矩阵是数组的一个特例，是一个二维（双下标）的数组。由于矩阵运算在 R 语言中非常重要，所以下面着重介绍矩阵的创建、索引和运算。

创建矩阵的方法之一是用 matrix（）函数，其中 nrow 和 ncol 分别指行数和列数，一般情况只需要指定其中一个就够了。

```
> z<-matrix（1：6，nrow=2，ncol=3）
> z
      [, 1] [, 2] [, 3]
[1, ]    1     3     5
[2, ]    2     4     6
```

（2）矩阵运算

①矩阵的加减可用符号“+”和“-”；

②数 c 与矩阵 A 相乘求 cA 可用符号“*”；

③假设 A 为 m×n 矩阵，B 为 n×k 矩阵，求 m×k 矩阵 AB 可用符号“%*%”；

④矩阵求逆可用函数 solve（），应用 solve（A，B）运算结果是解线性方程组 Ax = B，若 B 缺省，则系统默认为单位矩阵；

⑤矩阵 Hadamard 积：若 A={a_{ij}}m×n，B={b_{ij}}m×n，则矩阵的 Hadamard 积定义为：

A⊙B={a_{ij} b_{ij} }m×n，R 中 Hadamard 积可以直接运用运算符“*”；

⑥求矩阵 A 的转置矩阵 A^T 可用函数 t（）。

11.3.5 列表

列表（list）是一种特别的对象集合，它的元素也由下标区分，但是元素的类型可以是任意对象，并且不必是同一类型。元素本身允许是其他复杂数据类型，比如列表的一个元素也可以是列表。

下面这个例子演示怎么创建列表：

```
> foo<-list（x = 1：3，y = matrix（1：4，nrow = 2））
> foo
$x
[1] 1 2 3
$y
      [，1] [，2]
[1，]    1    3
[2，]    2    4
```

列表子集的提取

提取一个子对象，如上例中 foo 的 x，可以用以下三种方式：

方式一，列表的子集（分量）已经被命名，这种情况下可以通过名字访问。

```
> foo$x
[1] 1 2 3
```

方式二、方式三，可以利用分量的编号来访问分量。比如 x 可以用 foo[1]和foo[[1]]。需要注意两者的差别：[[...]]是用来选择单个分量的操作符，而[...]是一个更为一般的下标操作符。因此前者得到的是列表中的第一个对象，返回结果不会包含分量的名字。后者得到的则是列表中分量构成的子列表，如果分量被命名，返回结果包含其名字。

```
>foo[1]
$x
[1] 1 2 3
>foo[[1]]
[1] 1 2 3
>foo$y          #提取 foo 的 y 子集
      [，1] [，2]
[1，]    1    3
[2，]    2    4
>foo[2]         #提取 foo 的 y 子集
$y
      [，1] [，2]
[1，]    1    3
[2，]    2    4
```

```
>foo[[2]]
      [, 1] [, 2]
[1, ]    1    3
[2, ]    2    4
```

如果分量含有多个元素，可以通过 foo[[1]][2]或 foo$y[2]访问分量的第 2 个元素。

```
>foo[[1]][2]        #提取 x 子集的第 2 个元素，下标从 1 开始计算
[1] 2
>foo$y[2]           #提取 y 子集中的第 2 个元素
[1] 2
```

11.3.6 数据框

数据框架（data frame）就是将多个向量组合起来的一个对象，它是二维的，通常其列表示变量，其行表示观测值。

（1）建立数据框架的方法

```
> n = c（2，3，5）
> s = c（"aa"，"bb"，"cc"）
> b = c（TRUE，FALSE，TRUE）
> df = data.frame（n，s，b）          # 建立了一个数据框 df
> str（df）        #查看 df 的结构
'data.frame'：3 obs. of  3 variables：
 $ n：num   2 3 5
 $ s：Factor w/ 3 levels "aa"，"bb"，"cc"：1 2 3
 $ b：logi   TRUE FALSE TRUE
```

（2）从文件中读取数据框

若数据保存在一个文本文件中，可以使用 read.table 直接读取（仅接受带有分隔符的 ASCII 数据）。

```
> test1 <- c（1：5，"6，7"，"8，9，10"）     #创建向量 test1
> tb<-"table.txt"
> writeLines（test1，tb）      #将向量写入文件 table.txt
> read.table（tb）      #读取 table.txt 的内容
```

```
     V1
1     1
2     2
3     3
4     4
5     5
6   6，7
7  8，9，10
```

如果数据是电子报表的形式存储，则可以使用 read.csv（适用于以逗号作为分隔符的数据）或 read.delim（适用于以 tab 作为分隔符的数据）。

示例：读取文件夹 C：/PYDATA/Rpy2 中的 simple.csv 文件

```
> setwd（"C:/PYDATA/Rpy2"）
> data<-read.csv（file="simple.csv"，head=TRUE，sep="，"）
> data
  trial mass velocity
1  A  10.0   12  1  A  10.0   12
2  A  11.0   14  2  A  11.0   14
3  B   5.0    8  3  B   5.0    8
4  B   6.0   10  4  B   6.0   10
5  A  10.5   13  5  A  10.5   13
6  B   7.0   11  6  B   7.0   11
```

（3）提取数据框中的元素

```
> df$n         #读取 df 的 n 向量
[1] 2 3 5
> df$n[1]      #读取 n 向量的第一个元素
[1] 2
```

11.3.7 函数入门

函数是一系列语句的组合，在 R 中可以编写自己的函数。

形式：变量名 = function（变量列表）函数体

函数引用：变量名（变量的值）

示例：使用 gamma 函数求 *n*!

```
> factorial = function（n）{
+ if（n>=0） gamma（n+1）
+ else print（“Please input a positive integer!"）}
>factorial（6）
[1] 720
```

R 中还包含了一系列用于处理错误以及消息相关的函数，包括：

warning（） 若错误不严重至影响整个计算，生成警告信息

stop（） 若错误可能导致计算中止，停止执行并显示出错信息

print（） 显示必要的信息

formatC（） 把数值转为字符串输出

cat（） 字符串联，可以插入\n（换行）及\t（tab 键）

paste（） 字符粘贴（非字符型自动转换）

示例：

```
>cat（"R"，"is"，"a good"，"software.\n"）
>formatC（1/3，format = "f"，digits = 4）
>formatC（1/3，format = "e"，digits = 4）
>paste（1：12） # 与 as.character（1：12）等价，把 1～12 数字转换为字符
>paste（"A"，1：6，sep = ""）
>paste（"today is"，date（））
```

11.3.8 条件和循环语句

（1）条件语句

形式 1：if（条件） 表达式 1 else 表达式 2

形式 2：ifelse（条件，yes，no）

试比较下面的三个结果：

```
>x = c（-4：6）
> sqrt（ifelse（x >= 0，x，NA））
> ifelse（x >= 0，sqrt（x），NA）
```

```
> if（x >= 0） sqrt（x） else NA
```

（2）循环语句

```
for（）                #若知道终止条件
for（变量  in  向量）    表达式
while（）              #若无法知道运行次数
while（条件）  表达式
```

试比较两个结果：

```
>for（i in 1：5） print（1：i）
>i=1
>while（i <= 5） {
 + print（1：i）
 + i = i+1
 + }
```

11.4 本章小结

至此，R 语言的基础知识就介绍完了，我们再来回顾一下 R 语言的几个特点：

（1）自由且免费。有开放的源代码，可跨平台，可以安装在多种操作系统上，包括 Windows、Linux、Mac OS X、BSD、Unix；

（2）一个高质量、全面、前沿的统计分析和数据挖掘平台。R 语言被许多统计学家使用并推广，当前的很多前沿算法已被开发为 R 的扩展包。这些丰富的扩展包覆盖了基础统计学、社会学、经济学、生态学、空间分析、生物信息学等诸多方面；

（3）强大的绘图功能。图形工具是 R 的一个重要组成部分。通过 stargazer、xtable 等 R 语音扩展包创建 LaTeX 表格，借助 LaTeX 完美的排版制图能力，可以自动生成统计分析报告，制作精美的统计图表；

（4）R 和其他编程语言以及数据库之间有丰富的接口。其他语言可以很方便地调用 R 的 API，编写相关函数和程序包，完成复杂的数据分析。

第 12 章 Rpy2：Python 与 R 的桥梁

经过前面一章的介绍，我们知道 R 最擅长的是统计和制图，但在运行速度和内存管理方面较弱。因此像连接数据库、文本处理、文件操作等这些“体力活”最好交给擅长这些的 Python 去做，统计分析功能再由 R 来担当。那么如何让 R 和 Python 一起工作呢？主要有下面两种方法：

（1）R 和 Python 只共享文件，Python 负责源数据预处理，生成格式化的文件放在预定的目录下，做个定时器让 R 去读文件，最终得到统计结果和图表；

（2）建立联系 R 和 Python 的接口，让 Python 直接调用 R 的函数。

第一种做法一定程度上可行，可以让 Python 通过执行 rscript 命令来调用 R 脚本工作，但这种办法缺点是限制太大，只能够交换文件，Python 不能利用 R 完成更为灵活、复杂的操作。第二种方法正好克服了这一缺点，这也是 Rpy2 设计之初的想法，即让 Python 直接调用 R 的函数和包，让 Python 与 R 各显所长，相得益彰。本章我们将通过 5 个案例来讲解如何实现 Python 和 R 的交互。

12.1 Rpy2 的安装

在 Windows 环境下，网站提供了两种较为简便的 Rpy2 安装方式：①通过 easy_install 或 pip 工具进行安装（方法详见本书附录 C）；②下载程序包通过 Python 编译并安装。经过多次实践，这两种方式常常由于缺乏必要的库而安装失败。因此本文推荐使用以下安装方法：

（1）安装 Python2.7（如已安装 ArcGIS 自带的 Python 编译器则不需再次安装）和 R3.2.2（安装文件位于 C:\PYDATA\Soft 文件夹中）；

（2）在 http：//www.lfd.uci.edu/~gohlke/pythonlibs/#rpy2 网站上根据操作系统系统下载对应的 whl 文件。本书所用的安装文件是 Windows7 系统与 Python2.7 对应的 rpy2.6.2 版本 rpy2-2.6.2-cp27-none-win32.whl（安装文件位于 C:\PYDATA\Soft 文件夹中）；

（3）设置环境变量：把 C:\Python27；C:\Program Files\R\R-3.2.2\bin\i386 加入环境变量 Path 中去；新建两个系统变量，变量名为 R_HOME 和 R_USER，对应的值分别为 C:\Program Files\R\R-3.2.2 和 C:\Users\计算机用户名\Documents；

（4）安装 pip 工具，安装方法见附录 C。打开系统的 cmd，进入含有 whl 文件的目录，输入 pip install rpy2-2.6.2-cp27-none-win32.whl，然后命令行会显示 Rpy2 的安装进程。

测试：打开 Python 的 IDLE，在交互窗口中输入下面语句：

```
from rpy2.robjects.packages import importr
```

如果不报错，则说明 Rpy2 已经安装成功！

注：本书用的 R 和 Python 安装程序都是 32 位，也可以使用 64 位版本。

12.2　了解 R 实例

R 实例可以看做是 Python 与 R 之间的通道，通过 R 实例可以读取 R 的内置变量、调用 R 的函数和包。

12.2.1　R 实例的建立

正确安装 Rpy2 后，R 作为一个模块可以通过以下语句导入到 Python 中：

```
>>>import rpy2.robjects as robjects
```

这里我们利用 Python 的 import 语句将 rpy2.robjects 接口模块引入到 Python 中并起别名为 robjects。模块 rpy2.robjects 是 Rpy2 对 R 的一个高级封装，该模块包含了一个 R 实例（对象）和一系列 R 的数据结构。至此我们就可以通过 R 实例 robjects 作为“通信渠道”来调用 R 中的函数或变量。需要注意 R 对象是单例模式，单例对象的类必须保证只有一个实例存在。

12.2.2　访问变量

在 Python 中访问 R 中的变量，主要有三种方式：

（1）R 对象[对应的变量名]，例如 robjects.r['pi']；

（2）R 对象（对应的变量名），例如 robjects.r（'pi'）；

（3）R 对象.对应变量名，例如 robjects.r.pi。

示例：

```
>>> pi = robjects.r['pi']
```

```
>>> pi = robjects.r（'pi'）
>>> pi = robjects.r.pi
>>> pi[0]
3.14159265358979
```

这三种方法实质上是把 R 实例看做不同的工具：第一种把 R 实例当做字典；第二种是把 R 实例当做方法；第三种是把 R 实例当做类对象。

需要注意该语句的返回值是一个长度为 1 的 R 向量，需要通过变量名 pi 加[]来访问变量的值。如：

```
>>> piplus2 = robjects.r（'pi'） + 2
>>> piplus2.r_repr（）
c（3.14159265358979，2）
>>> pi0plus2 = robjects.r（'pi'）[0] + 2
>>> pi0plus2
5.1415926535897931
```

需要注意第二行语句的 r_repr 函数用于表示 R 实例 piplus2 的 R 语义解释，其中_符号的作用将会在稍后进行讲解。

12.2.3 创建和调用 R 函数

R 函数的创建方法实际上是开启了一个 R 的交互进程，只需要将 R 的代码写入一个字符串内，翻译为 R 实例中的函数，接着调用 R 函数即可：

```
>>> robjects.r（
            '''
            f <- function（r）{pi * r}
            '''
            ）
<SignatureTranslatedFunction - Python：0x02B71210 / R：0x041AA65C>
>>> robjects.r['f']（3）
[9.424778]
```

调用 R 函数非常像调用 R 变量，也是通过 R 实例完成的。但调用 R 函数时最好不要通过“.”的方式进行，因为该方式不能访问带有命名空间的 R 对象和函数。例如要读取 txt 文件中的数据（在 PYDATA\Rpy2\ mydata.txt）：

在 R 中的代码如下：

```
> setwd（"C:/PYDATA/Rpy2"）
```

```
> mydata = read.table（"mydata.txt"）
```

如果在 Rpy2 中输入下面的代码：

```
>>> mydata = robjects.r.read.table（'mydata.txt'）
```

则会抛出如下异常：

```
Traceback（most recent call last）:
  File "<pyshell#48>"，line 1，in <module>
    mydata = robjects.r.read.table（'mydata.txt'）
  File "C:\Python27\lib\site-packages\rpy2\robjects\__init__.py"，line 203，
in __getattribute__
    raise orig_ae
AttributeError：'R' object has no attribute 'read'
```

此例因为在 R 实例中找不到 read 对象或函数而引发异常，因此调用函数推荐使用 [对应的变量名]或（对应的变量名）方式。

```
>>> import os
>>> os.chdir（"C:\\PYDATA\\Rpy2"）
>>> mydata = robjects.r['read.table']（'mydata.txt'）
>>> mydata = robjects.r（'read.table'）（'mydata.txt'）
>>> print（mydata）
   V1 V2 V3
1  100 a1 b1
2  200 a2 b2
3  300 a3 b3
4  400 a4 b4
```

需要注意的是，R 函数接收的输入变量必须是 R 对象，如 R 向量、矩阵、列表等。

```
>>> rsum = robjects.r['sum']
>>> rsum（robjects.IntVector（[1，2，3]））[0]
6
```

上述程序把 R 中的 sum 函数赋予 R 函数实例 rsum，再通过调用 rsum 实现 R 向量中所有值求和的功能，IntVector 的具体用法见本章 2.3.1 小节。简单起见也可以省去建立实例 rsum 这一步，直接调用 robjects.r['sum']来实现，如：

```
>>> print（robjects.r['sum']（robjects.IntVector（[1，2，3]）））
[1] 6
```

函数中同样可以使用关键字，例如：

```
>>> rsort = robjects.r['sort']
>>> res = rsort（robjects.IntVector（[1，2，3]），decreasing=True）
>>> print（res.r_repr（））
c（3L，2L，1L）
```

12.2.4 运行 R 中的字符串命令

通过调用 R 实例可以非常方便地运行 R 中的命令

```
>>> print（robjects.r（'1+1'））
[1] 2>>> sqr = robjects.r（'function（x） x^2'）
>>> print（sqr（3））
[1] 9
```

更为方便的是 R 实例还可以作为输入变量添加在 R 命令中，如：

```
>>> x = robjects.r.rnorm（100）
>>> robjects.r（'hist（%s，xlab="x"，main="hist（x）"）'%x.r_repr（））
```

12.3 向量和数组

12.3.1 Python 列表转化为 R 向量

向量（vector）是 R 语言中最重要的一种数据类型，其作用等同于 Python 中的列表（list），许多数据类型都是基于向量派生的，例如标量被视为长度为 1 的向量。可以将 Python 的 list 对象，转换成为 R 的向量对象之后直接调用 R 函数。常见的转换函数包括 robjects.StrVector（）、robjects.IntVector（）、robjects.FloatVector（）、robjects.complexVector（）、robjects.FactorVector（）、robjects.BoolVector（）等，这些函数将 Python 列表转化成 R 的字符、整数、浮点、复数、因子和布尔向量。另外，robjects.ListVector（）将 Python 的字典转换成 R 的列表。

（1）构建字符串型向量，StrVector（obj）

```
>>> x = robjects.StrVector（["a"，"b"，"c"，"d"]）
>>> print（x）
[1] "a" "b" "c" "d"
```

（2）构建整数型向量，IntVector（obj）

```
>>> x = robjects.IntVector（[1，0，2]）
```

（3）构建浮点型向量，FloatVector（obj）

```
>>> x = robjects.FloatVector（[1.1，0.1，2.1]）
```

（4）构建布尔型向量，BoolVector（obj）

```
>>> x = robjects.BoolVector（[1，0，2]）
```

（5）构建列表型向量，ListVector（obj）

```
>>> mydic={"Jack"：80，"Mary"：95，"Lucy"：90}
>>> x = robjects.ListVector（mydic）
>>> print（x）
$Lucy
[1] 90
$Jack
[1] 80
$Mary
[1] 95
```

访问向量中的值可通过索引[]获得，下标顺序从 0 开始，例如：

```
>>> x = robjects.IntVector（[1，0，2]）
>>> print（x[1]）
0
```

12.3.2　R 向量转化为 Python 列表

可以使用 tuple（）或者 list（）函数，将 R 向量转换成 Python 的 tuple 或者 list。如：

```
>>> a = robjects.r（'c（1，2，3）'）
>>> a
<FloatVector - Python：0x02B712D8 / R：0x03BDD1A0>
[1.000000，2.000000，3.000000]
>>> list（a）
```

```
[1.0，2.0，3.0]
>>> b=tuple（a）
>>> b
（1.0，2.0，3.0）
```

12.4 R 包的调用

R 有非常多的程序包，提供了很多的功能，特别是在统计分析方面。如果能在 Python 中直接调用这些包，就可以简化很多数据分析的工作，这也是 Rpy2 最为精华的地方。R 包中的函数可以通过如下方式供 Python 调用：

```
>>> from rpy2.robjects.packages import importr
>>> utils = importr（"utils"）
>>> utils.data
<SignatureTranslatedFunction - Python：0x02B74E18 / R：0x04B3EC88>
```

首先导入 importr 接口，通过 R 的命名空间查找到“utils”包，导入到模块对象 utils 中。utils 是一个命名空间对象，它的字典中含有 R 函数的关键字，如 data 函数，通过 utils.data 就可以调用 R 中的 data 函数。

由于 R 中可能含有在 Python 中无效的关键字，在 Python 中使用 R 函数稍显复杂。为了解决无效关键字的问题，在导入程序包的时候，R 函数符号会被翻译成其他符号，比如“.”会被转化为“_”，所以在命名空间对象查找 R 函数时需要注意这一点。

下面我们以一个非常常用的包——lattice 包为例来说明 R 包的使用。Lattice 包提供了丰富的图形函数，支持单变量或多变量的数据可视化，可生成单变量图（散点图、核密度图、直方图、柱形图和箱线图），双变量图（散点图、带状图和平行箱线图）和多变量图（三维图和散点图矩阵）。

12.4.1 Lattice 包绘制散点图

```
from rpy2.robjects.packages import importr          （1）
import rpy2.robjects as robjects                    （2）
lattice = importr（'lattice'）                       （3）
datasets = importr（'datasets'）                     （4）
tmpenv = robjects.Environment（）                    （（5）
```

```
(6)  utils = importr（"utils"）
(7)  utils.data（"mtcars"，package = "datasets"，envir = tmpenv）
(8)  mtcars = tmpenv["mtcars"]
(9)  formula = robjects.Formula（'mpg ~ wt'）
(10) formula.getenvironment（）['mpg'] = mtcars.rx2（'mpg'）
(11) formula.getenvironment（）['wt'] = mtcars.rx2（'wt'）
(12) p = lattice.xyplot（formula，groups = mtcars.rx2（'cyl'））
(13) rprint = robjects.globalenv.get（"print"）
(14) rprint（p）
```

上述程序中，首先导入 lattice 包（第 3 行语句）和 datasets 数据包（第 4 行语句），然后通过 data 函数读取 datasets 数据包中的 mtcars 数据集（第 7 行），之后调用 R 函数 Formula 建立数据集中 mpg 和 wt 的关系(第 9 行)，最后利用 lattice 包中的 xyplot 函数画出该关系的散点图，图中数据点按照 cyl 分组，每组的数据点赋予不同颜色（第 12～14 行）。结果如图 12-1 所示。

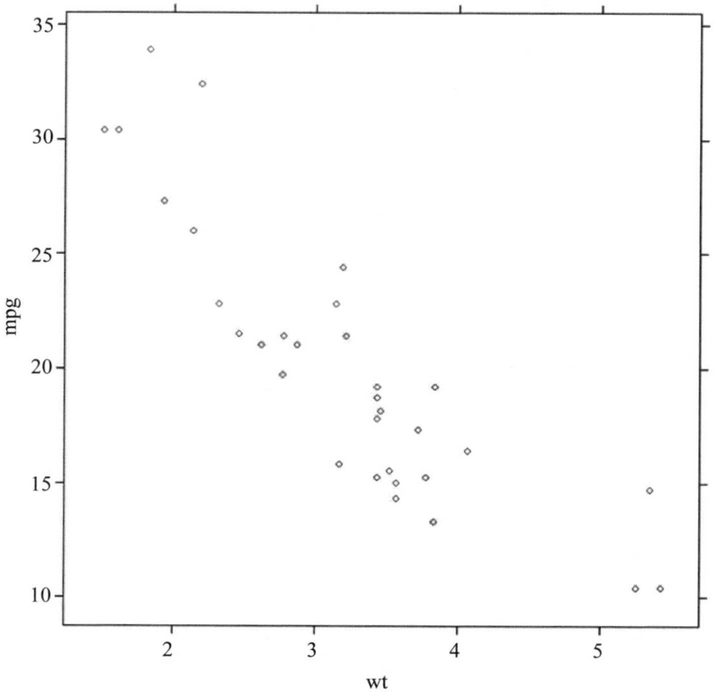

图 12-1　利用 lattice 包绘制的 mpg 和 wt 的散点图

12.4.2 Lattice 包绘制三维图

```
utils.data ("volcano", package = "datasets", envir = tmpenv)
volcano = tmpenv["volcano"]
p = lattice.wireframe (volcano, shade = True, zlab = "", aspect = robjects.
FloatVector ((61.0/87, 0.4)), light_source = robjects.IntVector ((10, 0, 10)))
rprint (p)
```

上述代码中，首先读入 volcano 数据集，然后调用 lattice 包中的 wireframe 函数绘制火山的三维高程图。结果如图 12-2 所示。

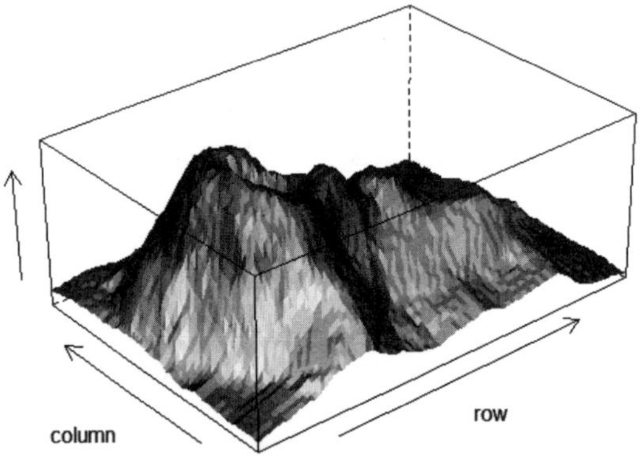

图 12-2 使用 Lattice 包绘制的火山三维高程图

12.5 导入 R 脚本或自定义 R 函数

在实际应用中，经常需要使用 R 语言来编写自定义函数。在 Rpy2 中，可以使用 source（‘script_path’）的方法来加载 R 脚本完成相关任务，也可以调用脚本中自定义的 R 函数。source（‘script_path’）可以把自定义函数加载到全局环境中，再使用 R.自定义方法名就可以实现调用。

这里用 R 语言编写了一个脚本并命名为“script.R”，代码如下：

```
x<-round (runif (50, 1, 10), 1)
plot (x, pch=20, col=1: 3, main="50 个 1～10 之间的随机数分布图")
```

该段代码首先生成 50 个 1～10 的随机整数，然后通过 plot 函数画出这些随机数的分布图。在 Python 中通过以下语句调用该脚本，结果如图 12-3 所示。

```
>>> r=robjects.r
>>> r.source（"C:\PYDATA\Rpy2\script.R"）
```

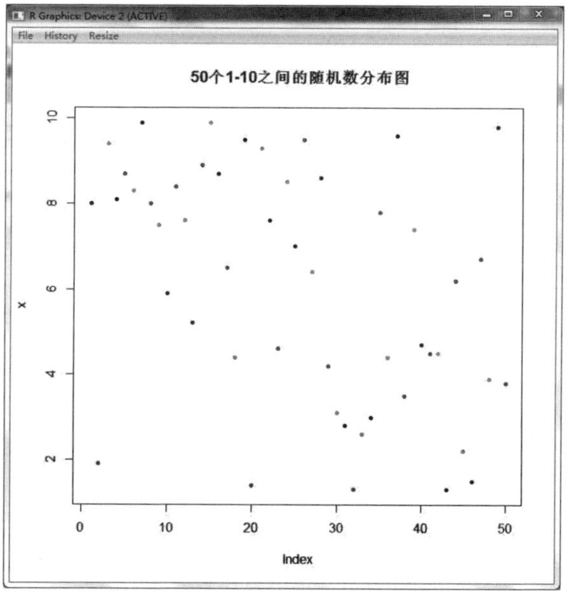

图 12-3 50 个随机数的分布图

案例 26 绘制直方图

Python 语言完整代码：

```
import rpy2.robjects as robjects
r = robjects.r
y = r.rnorm（500）
r.X11（）
r.layout（r.matrix（robjects.IntVector（[1，2，3，2]），nrow=1，ncol=1））
r.hist（y，breaks=10，freq=False，main="Histogram of random variable",
xlab = "random variable"）
```

这段语句首先利用 R 中的 rnorm 函数生成了一个包含 500 个元素的正态分布随机向量 *y*，利用 X11 开启一个画图窗口，然后用 layout 函数设置画图布局，最后绘出 *y* 的直方图，如图 12-4 所示。

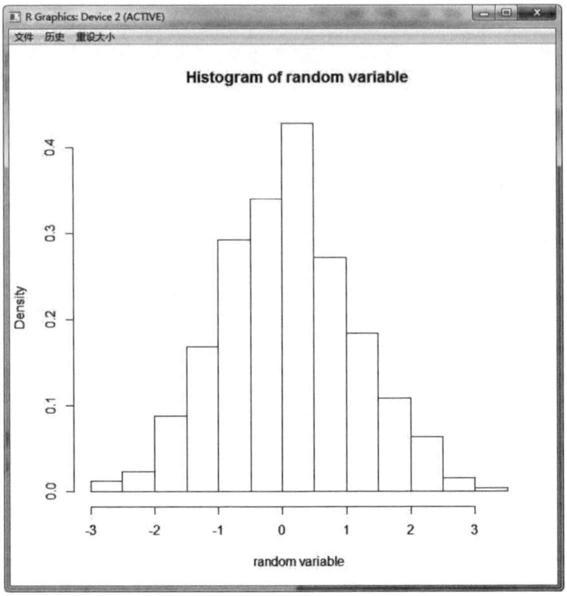

图 12-4　正态分布直方图

案例 27　线性回归

Python 语言完整代码：

```
import rpy2.robjects as robjects
from rpy2.robjects.packages import importr
stats = importr（'stats'）
base = importr（'base'）
x = robjects.FloatVector（[0.10，0.11，0.12，0.13，0.14，0.15，0.16，0.17，
0.18，0.20，0.21，0.23]）
y = robjects.FloatVector（[42.0，43.5，45.0，45.5，45.0，47.5，49.0，53.0，
50.0，55.0，55.0，60.0]）
robjects.globalenv["x"] = x
```

```
robjects.globalenv["y"] = y
lm_D9 = stats.lm（"y ~ 1+x"）
print（base.summary（lm_D9））
```

该程序首先导入 Rpy2 接口模块中的 FloatVector 函数、stats 和 base 程序包，利用 FloatVector 函数建立了两个浮点型向量 x、y，作为回归分析的自变量和因变量。然后，调用 stats 包中的 lm 函数进行线性回归分析 $y = \alpha + bx$，最后利用 base 包的 summary 函数显示回归结果。需要注意的是 robjects.globalenv（）将 R 对象 x 和 y 转换成全局变量，使得 stats.lm 可以直接调用。回归结果如下：

```
Residuals：
     Min       1Q     Median    3Q       Max
  -2.0431  -0.7056  0.1694  0.6633  2.2653
Coefficients：
                 Estimate Std. Error t value Pr（>|t|）
（Intercept）      28.493         1.580     18.04 5.88e-09 ***
x               130.835         9.683     13.51 9.50e-08 ***
---
Signif. codes：0 '***' 0.001 '**' 0.01 '*' 0.05 '.' 0.1 ' ' 1
Residual standard error：1.319 on 10 degrees of freedom
Multiple R-squared：0.9481，   Adjusted R-squared：0.9429
F-statistic：182.6 on 1 and 10 DF，p-value：9.505e-08
```

从结果看，截距项 a 为 28.493，b 项为 130.835，两者的均方误差分别为 1.58 和 9.683，P 值分别为 5.88e-09 和 9.50e-08，远小于 0.05，表明两个系数在 P 为 0.05 的水平下是显著不为 0 的。R squared 和 Adjusted R squared 分别为 0.948 1 和 0.942 9，表明拟合程度很好。对于 F 检验，P 值为 9.505e-08，远小于 0.05，表明方程整体上在 P=0.05 的水平上通过显著性检验。

案例 28　操纵 R 矩阵

Python 语言完整代码：

```
import rpy2.robjects as robjects
from rpy2.robjects.packages import importr
```

```
base = importr（'base'）
m = base.matrix（robjects.NA_Real，nrow=100，ncol=10）
for row_i in xrange（1，100+1）：
    for col_i in xrange（1，10+1）：
m.rx[rlc.TaggedList（（row_i，），（col_i，））] = row_i + col_i * 100
```

该程序首先导入 R 的基础库 base，利用基础库函数 matrix 建立 R 矩阵，最后利用 Python 的 for 循环为矩阵的元素赋值。

案例 29　Moran 散点图

一、问题描述

数据 China_GDP.shp（PYDATA\Rpy2\China_GDP）是一个含有中国 1998 年各省级行政压制 GDP 值的矢量文件。本例首先利用 R 分析包中的 rgdal 包读入 shp 格式数据，然后利用 Moran 散点图来分析区域 GDP 的局域空间自相关性。

二、关于 Moran 散点图

Moran 散点图的横坐标为各地理单元属性值标准化后的数值，纵坐标为其空间权重矩阵所决定的空间滞后项。如何计算空间滞后项呢？这里我们举个例子说明，假设有五个区域，分布如图 12-5 所示。

空间权重矩阵在本书第 7 章的 7.1 节进行了详细介绍，可以表示两个多边形是否连接，如果连接，则在矩阵的相应位置赋值为 1。比如图 2-5 中多边形 1 和 2 相连，则其空间权重矩阵的第 1 行 2 列对应的元素值为 1。多边形 1 和 3 不相连，则 1 行 3 列元素值为 0。处理过程中通常还需要将权重矩阵归一化，即将每行元素同除以整行元素的和，以保证矩阵中每行之和为单位 1。该区域的空间连接矩阵被归一化为：

$$
W=\begin{matrix}
0 & 1 & 0 & 0 & 0 \\
0.25 & 0 & 0.25 & 0.25 & 0.25 \\
0 & 0.5 & 0 & 0.5 & 0 \\
0 & 0.33 & 0.33 & 0 & 0.33 \\
0 & 0.5 & 0 & 0.5 & 0
\end{matrix}
$$

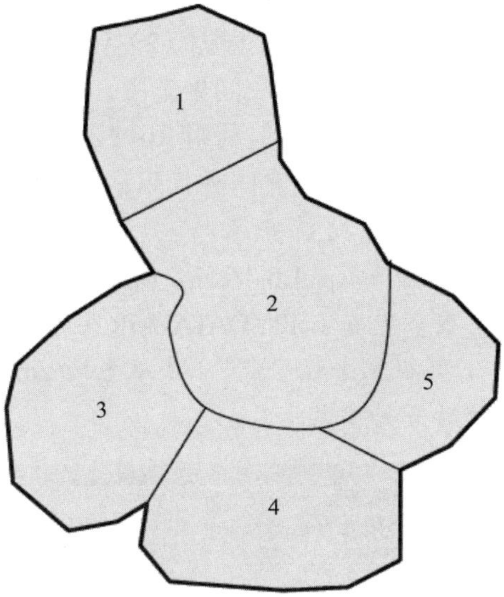

图 12-5　空间分布示意图

空间滞后项元素=连接多边形属性值乘以对应的空间权重矩阵元素之和。

根据空间权重矩阵计算得到的该区域的空间滞后项见表 12-1。从该计算可知：空间滞后项代表了相邻单元属性值的一种加权平均。

表 12-1　空间滞后项计算

Area	*y*	W*y*
1	5	1*7=7
2	7	0.25*5+0.25*9+0.25*12+0.25*11=9.25
3	9	0.5*7+0.5*12=9.5
4	12	0.33*7+0.33*9+0.33*11=8.91
5	11	0.5*7+0.5*12=9.5

三、程序处理流程

（1）读入 China_GDP.shp 空间数据，确定要分析的空间属性字段 X1998GDP_1；

（2）根据空间邻接关系生成空间邻域（和某多边形相邻的多边形区域），并根据空间邻域关系生成空间权重矩阵。本案例中空间权重使用的是 R 中默认的“W”空间权重，即某一空间对象的所有权重之和为 1；

（3）根据空间权重，利用 spdep 包中的 moran.plot 函数生成散点图；

（4）为了进一步分析空间聚集情况，根据（2）计算出的空间权重计算空间滞后项，并画出 1998 年中国 GDP 总量的空间聚集图。

在本案例中，为了方便大家掌握如何利用 Rpy2 接口在 Python 中调用 R 的函数包，我们同时提供了 R 和 Python 语言两种代码。

注：运行本程序之前需要提前安装一些 R 包，包括 rgdal_0.9-1.zip、spdep_0.5-77.zip、deldir_0.1-7.zip、sp_1.0-16.zip、Matrix_1.1-4.zip、coda_0.16-1.zip、LearnBayes_2.15.zip。这些安装包在 C:\PYDATA\Soft 文件夹下。安装方法如图 12-6 所示：在 RGui 的主界面工具栏点击程序包，点击从本地 zip 文件安装程序包菜单，选择要安装的程序包，然后开始安装。

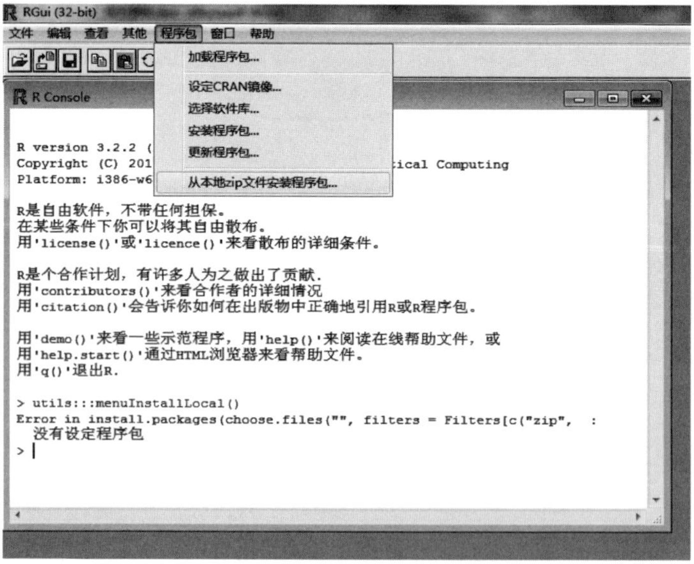

图 12-6 R 包的离线安装方法

四、R 语言完整代码

```
#导入 rgdal 包
library（rgdal）
#设定工作路径
setwd（"C:/PYDATA/Rpy2/China_GDP"）
#读入 China_GDP.shp 空间数据
```

```
CHINA<-readOGR（"."，"1998_GDP"）
#查看其属性数据
summary（CHINA）
#导入 spdep 包
library（spdep）
#生成空间邻接关系
Province_nb<-poly2nb（CHINA，queen=FALSE）
#生成空间权重
#zero.policy 设为真的目的是为了排除如台湾和海南没有空间邻域在计算中所造成的错误
Province_lw<-nb2listw（Province_nb，zero.policy=TRUE）
#画出 Moran 散点图，如图 12-7 所示
par（mfrow = c（1，2））#分两个画布
moran.plot（CHINA$X1998GDP_1，Province_lw，labels=as.character（CHINA$china_name），
+ zero.policy=TRUE）
#把 Moran 散点图分为四个象限
x<-CHINA$X1998GDP_1
lhx<-cut（x，breaks=c（min（x），mean（x），max（x）），labels=c（"L"，"H"），include.lowest=TRUE）
wx<-lag（Province_lw，x，zero.policy=TRUE）
lhwx<-cut（wx，breaks=c（min（wx），mean（wx），max（wx）），labels=c（"L"，"H"），include.lowest=TRUE）
lhlh<-interaction（lhx，lhwx，drop=TRUE）
cols<-rep（1，length（lhlh））
cols[lhlh=="H.L"]<-2
cols[lhlh=="L.H"]<-3
cols[lhlh=="H.H"]<-4
#根据所分象限画出 1998 年中国 GDP 总量的空间聚集图。
plot（CHINA，col=grey.colors（4，0.95，0.25，2.2）[cols]）
legend（"topright"，legend=c（"LL"，"HL"，"LH"，"HH"），fill=grey.colors（4，0.95，0.25，2.2），
+ bty="n"，cex=0.8，y.intersp=0.8）
```

五、Python 语言完整代码

```
#导入 Rpy2 的接口模块并起别名为 robjects
import rpy2.robjects as robjects
from rpy2.robjects.packages import importr
#调用 R 中的 utils 包
utils = importr（'utils'）
#安装并导入 R 的 rgdal 包，安装时注意选择合适的镜像，例如 China（Beijing 4）[https]
#如果 R 中已安装好，不需要重新安装，该行代码省略
utils.install_packages（'rgdal'）
rgdal=importr（'rgdal'）
import os
#改变工作路径
os.chdir（"C:\\PYDATA\\Rpy2\\China_GDP"）
CHINA=rgdal.readOGR（"."，"1998_GDP"）
print（robjects.r['summary']（CHINA））
#安装并导入 R 的 spdep 包
utils.install_packages（'spdep'）
spdep=importr（'spdep'）
Province_nb=spdep.poly2nb（CHINA，queen=False）
Province_lw=spdep.nb2listw（Province_nb，zero_policy=True）
base = importr（"base"）
#由于 python 不支持"*$*"的调用方式，所以定义了 dollar 函数来调用 CHINA 中的属性值
dollar = base.__dict__["$"]
#注意 moran_plot 和 as_character 中 "." 被转换为 "_"
robjects.r.par（mfrow=robjects.r（'c（1，2）'））
spdep.moran_plot（dollar（CHINA，"X1998GDP_1"），Province_lw，labels=robjects.r['as.character']（dollar（CHINA，"china_name"）），xlab="China 1998 GDP"，ylab="Spatially lagged China 1998 GDP"，zero_policy=True）
x=dollar（CHINA，"X1998GDP_1"）
lhx=robjects.r['cut']（x，breaks=robjects.r['c']（min（x），robjects.r['mean']
```

```
(x), max (x)), labels=robjects.r['c'] ("L", "H"), include_lowest=True)
    wx=spdep.lag_listw (Province_lw, x, zero_policy=True)
    lhwx=robjects.r['cut'] (wx, breaks=robjects.r['c'] (robjects.r['min'] (wx),
robjects.r['mean'] (wx), robjects.r['max'] (wx)), labels=robjects.r['c'] ("L", "H"),
include_lowest=True)
    lhlh=robjects.r['interaction'] (lhx, lhwx, drop=True)
    cols=robjects.r['rep'] (1, len (lhlh))
    #由于针对 factor vector 进行字符比较困难，所以首先把它转化为 string
vector
    lhlhp=robjects.r ('as.character') (lhlh)
    #colors 中存储每个省、直辖市的颜色标识
    colors=lhlhp
    colorslabel=robjects.r ('grey.colors') (4, 0.95, 0.25, 2.2)
    for i in range (len (lhlhp)):
        if lhlhp[i]=='H.L':
            colors[i]=colorslabel[1]
        elif lhlhp[i]=='L.H':
            colors[i]=colorslabel[2]
        elif lhlhp[i]=='H.H':
            colors[i]=colorslabel[3]
        else:
            colors[i]=colorslabel[0]
    robjects.r ('plot') (CHINA, col=colors)
    robjects.r ('legend') ("topright", legend=robjects.StrVector (["LL", "HL",
"LH", "HH"]))
```

该程序结果图如图 12-7 所示。

图 12-7 中，散点图的四个象限表达了某区域和其周围区域的四种局域空间关系：第一象限对应的是“高高”，表示某一区域和其周围区域属性值都较高；第二象限对应“高低”，表示区域本身属性值高，而其周围区域属性值低；第三象限、第四象限依次对应“低低”和“低高”。“高高”和“低低”表明区域与周边区域具有较高的空间正相关，区域具有聚集性。而“高低”和“低高”表示存在较强的空间负相关，区域具有异质性。从图 12-7 中可以看出大部分地区都位于第一象限和第四象限，说明经济发展较快的地区往往同其他经济发展较快的地区相邻，

而经济不发达的地区也呈现出空间聚集的趋势。

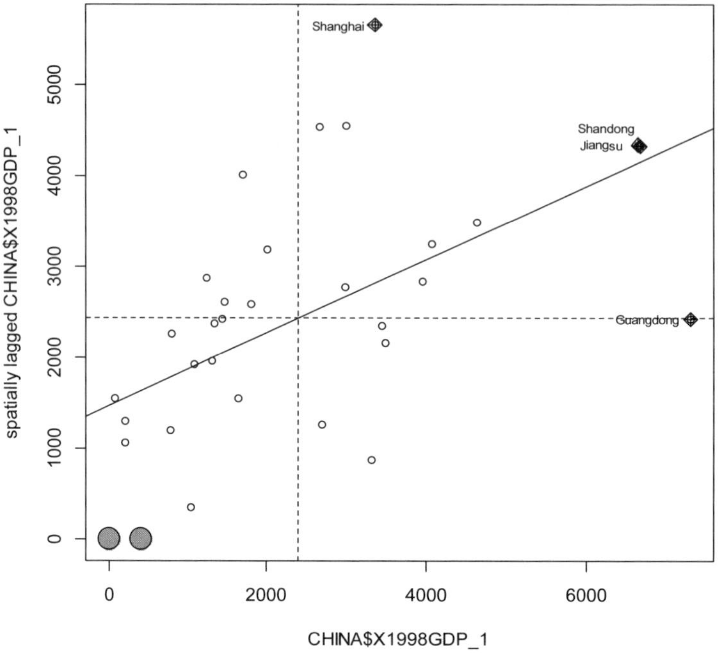

图 12-7 中国各省、直辖市的 GDP Moran 散点图

案例 30 野生动物 3D 分布密度估计

一、问题描述

基于运动路径的野生动物 3D 分布密度估计（MKDE）是 2014 年 Tracey 等人提出的，该方法可以根据生物遥测数据（捆绑在动物身上的小型探测传感器），估计野生动物在某一区域的概率分布，可以为野生动物的保护提供数据支持。比如在风能发电地区，为了最大限度地避免鸟类撞击风力发电机叶片的情况发生，事先要根据鸟类密度分布数据对风能发电机组进行合理布局。本案例所用数据均为 R 的 mkde 包自带的数据。数据 condor 中含有秃鹫的 x、y、z 坐标位置和对应的时间 t。数据 condordem120 是 raster 对象，记录了秃鹫活动

地区的高程信息（DEM），分辨率为 120m。本例中利用 R 分析包中的 utils 包和 raster 包读入 condor 和 condordem120 数据，然后利用 mkde 包估计秃鹫的密度分布。

二、程序处理流程

（1）读入 condordem120 数据，定义空间分辨率、范围，创建 MKDE 列表对象；

（2）读入 condor 数据，创建动物运动足迹数据；

（3）根据 MKDE 列表对象和动物运动足迹数据，估计秃鹫的 3D 密度分布；

（4）画出 DEM 图以及秃鹫在不同高程的密度分布图。

与案例 29 一样，本案例也同时提供 R 和 Python 语言两种代码。本案例中所用到的 R 包（mkde、raster 和 Rcpp）附在光盘的文件夹 Soft 中。这些包需在 R 中提前安装好，安装方法见图 12-6。

三、R 语言完整代码

```
#导入 mkde 包
library（mkde）
#导入 raster 包
library（raster）
#读取 condordem120 对象
data（condordem120）
#设定用于计算的 MKDE 格网大小，x、y 分辨率为 120m
cell.sz <-120
#获得 DEM 的范围大小
ext <- extent（condordem120）
#获得获得 DEM 的行数
nx <- ncol（condordem120）
#获得获得 DEM 的列数
ny <- nrow（condordem120）
#获得获得 DEM 的最小高程值
zmin <- min（values（condordem120），na.rm=TRUE）
#设定 MKDE 格网的 z 的层数
nz <- 10
```

#创建用于进一步计算的 MKDE 列表对象

mkde.obj <- initializeMKDE3D（ext@xmin，cell.sz，nx，ext@ymin，cell.sz，ny，zmin，27.07，nz）

设定运动数据

data（condor）

sig2obs 为在 xy 二维平面位置误差估计，sig2obs.z 为 z 轴的误差，由位置记录仪的仪器精度决定。t.max 为对时间进行积分时所考虑的最长时间。

mv.dat <- initializeMovementData（condor $time，condor $x，condor $y，condor$z，sig2obs=79.39，sig2obs.z=308.00，t.max=70.0）

估计误差

dens.res <- initializeDensity（mkde.obj，mv.dat，integration.step=2.5）

mkde.obj <- dens.res$mkde.obj

mv.dat <- dens.res$move.dat

设定密度等值图所画的 6 种概率，画出 DEM 图以及秃鹫在不同高程的密度分布图。

probs<- c（0.99，0.95，0.90，0.75，0.5，0.0）

par（mfrow = c（2，2））

plot（condordem120，main="DEM"）

plotMKDE（mkde.obj，z.index=1，probs，cmap=rev（rainbow（length（probs）-1）），main="3D MKDEs at altitude 889 m"）

plotMKDE（mkde.obj，z.index=3，probs，cmap=rev（rainbow（length（probs）-1）），main="3D MKDEs at altitude 943m"）

plotMKDE（mkde.obj，z.index=5，probs，cmap=rev（rainbow（length（probs）-1）），main="3D MKDEs at altitude 997m"）

四、Python 语言完整代码

#导入 R 所需要的包

import rpy2.robjects as robjects

from rpy2.robjects.packages import importr

mkde=importr（'mkde'）

raster=importr（'raster'）

utils = importr（"utils"）

base=importr（"base"）

#读入 condordem120 数据

tmpenv = robjects.Environment（）

utils.data（"condordem120"，package = "mkde"，envir = tmpenv）

condordem120=tmpenv["condordem120"]

#设定用于计算的 MKDE 格网大小，x、y 分辨率为 120m

ext=raster.extent（condordem120）

nx=raster.ncol（condordem120）

ny=raster.nrow（condordem120）

zmin=base.min（raster.values（condordem120），na_rm=True）

#注意 R 中的@符号在 python 中属于特殊字符，在 Rpy2 中调用时要进行转换，所以定义了 at 函数

at = base.__dict__["@"]

#创建用于进一步计算的 MKDE 列表对象

mkde.obj=mkde.initializeMKDE3D（at（ext，"xmin"），120，nx，at（ext，"ymin"），120，ny，zmin，27.07，10）

utils.data（"condor"，package = "mkde"，envir = tmpenv）

condor=tmpenv["condor"]

#注意 R 中的$符号在 Rpy2 中调用时要进行转换，所以定义了 dollar 函数

dollar = base.__dict__["$"]

#创建用于进一步计算的 MKDE 列表对象

mv_dat=mkde.initializeMovementData（dollar（condor，"time"），dollar（condor，"x"），dollar（condor，"y"），dollar（condor，"z"），sig2obs=79.39，sig2obs_z=308.00，t_max=70.0）

dens_res=mkde.initializeDensity（mkde.obj，mv_dat，integration_step=2.5）

mkde.obj=dollar（dens_res，"mkde.obj"）

mv_dat=dollar（dens_res，"move.dat"）

设定密度等值图所画的 6 种概率，画出 DEM 图以及秃鹫在不同高程的密度分布图。

probs1=robjects.r（'c（0.99，0.95，0.90，0.75，0.5，0.0）'）

robjects.r.par（mfrow=robjects.r（'c（2，2）'））

robjects.r.plot（condordem120，main='DEM'）

mkde.plotMKDE（mkde.obj，z_index=1，probs=probs1，cmap=base.rev

（robjects.r.rainbow（5）），main='3D MKDEs at altitude 889m'）

mkde.plotMKDE（mkde.obj，z_index=3，probs=probs1，cmap=base.rev（robjects.r.rainbow（5）），main='3D MKDEs at altitude 943m'）

mkde.plotMKDE（mkde.obj，z_index=5，probs=probs1，cmap=base.rev（robjects.r.rainbow（5）），main='3D MKDEs at altitude 997m'）

案例结果如图 12-8（彩图 7）所示。

从图 12-8 中可以秃鹫最可能分布在海拔约 889m 的西南部地区，随着海拔的升高，秃鹫分布的概率逐渐降低。这种 3D 密度分布估计可以为野生动物管理和保护提供重要的指导，本例结果可进一步估计秃鹫与所经过飞机的碰撞概率，以便优化飞行路线。

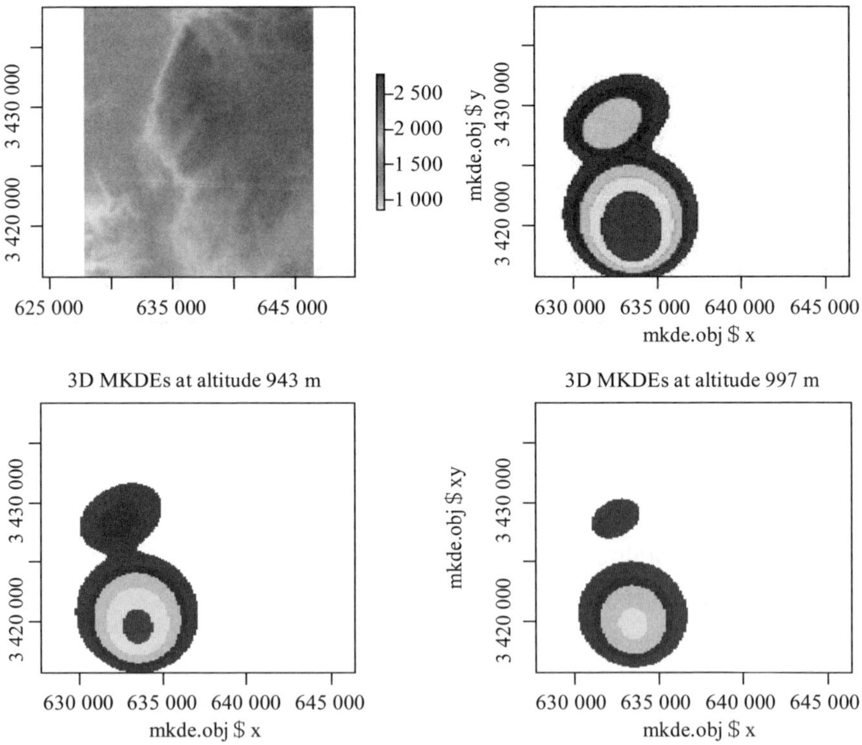

图 12-8 秃鹫活动地区的 DEM 图（左上）和密度估计分布（不同高程）图（图中红色、黄色、绿色、蓝色和紫色依次对应秃鹫分布的概率为 50%、75%、90%、95%和 99%的地区）

12.6　本章小结

Rpy2 是 R 和 Python 之间的一个接口，能充分发挥两者各自的优势，更为高效、简便地解决所遇到的复杂的数据分析问题。但 Rpy2 也有一些不足之处：比如 Rpy2 还在不断地更新中，不同版本之间的语法会略有不同，造成编程时要考虑到兼容性。同时由于 R 包的更新，可能会出现更新包后和较老版本的 Rpy2 发生冲突而无法使用的情况。不过总体来说，Rpy2 给我们带来的便利远大于这些不足。希望大家使用好 Rpy2，让它得到更为广泛的应用。

附录 A：Python 核心标准库及用法示例

库名称	简介	示例代码
os	基本的标准库，系统编程的操作模块，可对文件和目录这些常用对象进行处理	import os #列出当前工作目录下的文件和目录名 os.listdir（os.getcwd（）） #查看当前操作系统的行终止符 os.linesep #查看当前操作系统的路径分隔符 os.sep 输出结果为： ['dde.pyd'，'license.txt'，'mfc90.dll'，'mfc90u.dll'，'mfcm90.dll'，'mfcm90u.dll'，'Microsoft.VC90.MFC.manifest'，'Pythonwin.exe'，'pywin'，'scintilla.dll'，'win32ui.pyd'，'win32uiole.pyd'] '\r\n' '\\'
os.path	对文件的路径进行处理和操作	import os.path #检查目录是否存在 os.path.exists（'C:\python27'） #返回一个路径的目录名和文件名 os.path.split（'d：\PythonTools\matplotlib-1.4.3.tar.gz'） 输出结果为： True （'D:\\PythonTools'，'matplotlib-1.4.3.tar.gz'）
sys	提供能够访问与 Python 解释器联系紧密的变量和函数，如获取传递命令行参数的 argv 方法	#打印 Python 解释器中已经导入的模块 import sys for key in sys.modules.keys（）： print key

exceptions	Python 处理异常的方法	try：
		    f=open（'file.txt'，'r'）
		except Exception，e：
		    print e
		finally：
		    f.close（）

库名称	简介	示例代码
re	正则表达式，提供对字符串的解析功能	#去除字符串中的数字 import re str="abcd123456e" p=re.compile（'\d+'） p.sub（""，str） 输出结果为： 'abcde'
collection	collections 模块在元组、列表等内置数据类型的基础上，提供了几个额外的数据类型： 1）namedtuple：生成可以使用名字来访问元素内容的 tuple 子类； 2）deque：双端队列，可以快速地从另外一侧追加和推出对象； 3）Counter：计数器，主要用来计数； 4）OrderedDict：有序字典； 5）defaultdict：带有默认值的字典	#计算一个字符串中出现频率最高的 5 个字符 import collections from collections import Counter s="A Counter is a dict subclass for counting hashable objects." c=Counter（s） print c.most_common（5） 输出结果为： [（' '，9），（'s'，6），（'c'，4），（'o'，4），（'t'，4）]
time	time 模块提供各种操作时间的函数。一般有两种表示时间的方式：第一种是时间戳的方式（相对于 1970.1.1 00：00：00 以秒计算的偏移量），时间戳是唯一的；第二种以数组的形式表示即（struct_time），共有九个元素，同一个时间戳的 struct_time 会因为时区不同而不同	import time #当前时间的字符串形式 print time.ctime（） #当前时间的数组形式 print time.localtime（） #格式化成 2015-07-16 20：26：29 形式 print time.strftime（"%Y-%m-%d%H：%M：%S"，time.localtime（） 输出结果为： Thu Jul 16 20：26：29 2015 time.struct_time（tm_year=2015，tm_mon=7，tm_mday=16，tm_hour=20，tm_min=26，tm_sec=29，tm_wday=3，tm_yday=197，tm_isdst=0） 2015-07-16 20：26：29
math	math 模块实现了许多浮点数的数学运算函数。这些函数一般是对平台 C 库中同名函数的简单封装，所以一般情况下，不同平台下计算的结果可能有所不同	import math #打印圆周率 print math.pi #计算 2 的 3 次方 print math.pow（2，3） 输出结果为： 3.14159265359 8.0

库名称	简介	示例代码
random	random 模块用于生成随机数，例如随机整数、浮点数等	import random #随机产生 0～1 之间的浮点数 print random.random（） #随机产生 0～100 之间的偶数 print random.randrange（0，100，2） #随机选取列表中的元素 print random.choice（['apple'，'pear'，'peach'，'orange'，'lemon']） 输出结果为： 0.417653760669 90 pear

xml.etree.ElementTree	解析 xml 文件的模块	import xml.etree.ElementTree as ET
		tree = ET.parse（'test.xml'）
		#获取根节点
		root = tree.getroot（）
		for child in root：
		    print child.tag，child.text

csv	处理 csv 文件（Comma Separated Values，一种由行和列组成格式化的文件）的模块	#逐行读取 csv 文件并打印到控制台 import csv reader = csv.reader（file（'test.csv'，，'rb'）） for line in reader： print line
urllib	一个获取 url（Uniform Resource Locators，统一资源定址器）的模块，使得可以像读取本地文件一样读取 www 和 ftp 上的数据	##获取百度首页内容并打印到控制台 import urllib print urllib.urlopen（'http：//www.baidu.com'）.read（）
json	对 JSON（JavaScript Object Notation）文件进行解析的模块。例如 json.dumps 函数可将对象编码成 json 格式的字符串，在编码过程中，会把 Python 原始类型转成 json 类型	import json obj=['foo'，{'bar'：（'baz'，None，1.0，2）}] print type（obj） encodedjson = json.dumps（obj） print encodedjson print type（encodedjson） 输出结果为： <type 'list'> ["foo"，{"bar"：["baz"，null，1.0，2]}] <type 'str'>

附录 B：Python 常用第三方库

分类	库名称	简介
图像处理	PIL	PIL（Python Imaging Library）是 Python 中最常用的图像处理库，支持多种栅格图像格式，具有强大的图形、图像处理功能，如图像裁剪、几何变换、色场空间转换、图像增强、插值和滤波等
	scikit-image	一组基于 Python 语言的图像处理算法集，包含了边缘检测、特征点检测、直方图均衡化、形态滤波等一系列图像处理算法
自然语言处理	NLTK	NLTK（Natural Language Toolkit）是支持 Python 进行自然语言处理的工具包，提供了一系列的用于字符处理和语言统计的模型，包括分类、分词、词干提取、解析、语义推理等，同时提供超过 50 个语料库和词典资源（如 WordNet 等）
	Text Blob	一个基于 NLTK 和 Pattern 的自然语言处理工具包，提供词性标注、名词短语提取、情感分析、文本分类、翻译等功能
	jieba	结巴中文分词，是一个基于 Python 的中文自然语言处理工具包，支持精确模式、全模式和搜索引擎模式等三种分词模式，支持繁体分词和用户自定义词典等
科学计算与数据分析	numpy	numpy 是一个非常流行的科学计算工具包，它包含 N 维数组对象，复杂函数库，用以集成 C/C++和 Fortran 代码的工具，线性代数、傅里叶变换和随机数生成函数等。因其具有自定义数据类型功能，还可用作一种高效多维通用数据容器，与多种数据库无缝集成
	scipy	scipy 是一个 Python 的开源工具包，集数学、科学和工程应用为一体。scipy 函数库在 numpy 库基础上增加了线性代数、常微分方程求解、信号处理、图像处理、稀疏矩阵等功能，经常与 numpy 配合使用进行科学计算
	blaze	为 Python 用户提供高级大型数据计算功能，是新一代的科学计算包，专为大数据打造，支持分布式数据和流数据
	pandas	pandas 是基于 numpy 的数据分析工具，包含更高级数据结构和工具。能够高效操作大型数据集，提供优化库功能，支持读写多种文件格式，智能调整数据、切片和创建数据子集，高效合并和连接数据集、分级索引、时间序列数据分析等
	Pattern	一套网页挖掘工具，包括数据挖掘（Google，Twitter，维基百科的 API，网页爬虫和 HTML 分析器），自然语言处理（词性标注，n-gram 搜索，情感分析，WordNet 等），机器学习（向量空间模型，聚类，支持向量机），网络分析以及可视化模块等功能

分类	库名称	简介
科学计算与数据分析	scikit-learn	是一个开源的 Python 机器学习工具包，基于 NumPy，SciPy 和 Matplotlib。具有多种分类、回归、聚类算法，如支持向量机、逻辑回归、朴素贝叶斯、随机森林和 k-means 等算法
	Networkx	专门用以创建、操作复杂网络的 Python 库，可生成经典、随机和综合网络，具有多种标准图形算法和复杂网络分析算法
可视化	matplotlib	matplotlib 是一个用于绘制二维图形的 Python 模块，与 MATLAB 绘图功能相近，能帮助用户轻松获得高质量图片。可绘制的图形包括普通的线图、直方图、饼图、散点图及误差线图，能方便地定制图形的各种属性，可配合 iPython shell 使用
	bokeh	基于 HTML5 的 Python 交互式可视化库，使用 D3.js 样式提供新颖、优雅、简洁的图形化风格，同时提供大型数据集的高性能交互功能，提供不同级别的接口可方便快捷地支持和展示高级自定义
	vincent	专为 D3.js 可视化的 Vega 转换工具，vincent 接收 Python 数据结构并把它们翻译成 Vega 可视化语法。通过对语法元素的获取和设置，它允许可视化设计的快速迭代，并把最终可视化结果输出到 JSON
	ggplot	与 R 中著名的 ggplot2 绘图包类似的一套 API，提供专业级的图形绘制方案
GIS 相关	GDAL/ORG	开源的栅格/矢量空间数据转换库，支持绝大多数栅格和矢量数据转换与处理的命令行工具集。基于跨平台的 C++库，可被多数编程语言访问，具有高效、多库访问接口、支持大文件等优点
	pyshp	Shapefile 读写操作库。Shapefile 是 Esri 提出的一种矢量数据格式
	geojson	Python 操作 GeoJSON 数据的包，包括 GeoJSON 格式数据的编码解码函数和全部 GeoJSON 对象类
	pyproj	提供地理坐标到投影坐标之间的相互转换以及不同地图投影之间的转换功能
	geopy	Python 地理编码工具集，定位全球范围内国家、城市、地址和地标的坐标，所采用的地理编码数据来源包括：OpenStreetMap Nominatim，Esri ArcGIS，Google Geocoding API（V3），Baidu Maps API，Bing Maps API，Yahoo! Place Finder，Yandex，IGN France，GeoNames，NaviData，OpenMapQuest，What3Words，OpenMapQuest，OpenCage，SmartyStreets，geocoder.us 和 GeocodeFarm
	pygeoip	是纯 Python 的 GeoIP API，能够解析 IP 地址或网址所在的地理位置

分类	库名称	简介
GIS 相关	Shapely	基于 GEOS 和 JTS 库操作和分析平面几何对象，它本身并不关注数据格式和坐标系统，但可以与相关模块集成。其基本操作对象涉及点、点集、线、折线、环线、多边形、多边形集和几何数据集共八种数据类型，能够完成二维空间中的大量几何数据操作，如叠加、相交、缓冲、测距等
	PySAL	一个基于 GeoDa 的 Python 跨平台开源空间分析库，提供大量空间分析方法，如空间权重计算、空间回归分析、空间平滑、空间动力学分析等
	mapnik	创建地图应用的 Python 工具集，可将 GDAL/OGR 支持下的矢量和栅格地理数据渲染成地图，优化子像素抗锯齿，提高图像质量，可同时用于桌面版和网络版地图设计
	Kartograph.py	一个可生成美观友好的 SVG 地图的 Python 库，以 GDAL/OGR 和 Shapely 为基础，支持 Shapefile 和 PostGIS 数据的矢量地图绘制
	geodjango	是一个基于 Django 的地理 Web 框架，能够简单快捷地创建地理 Web 应用，如位置服务等。主要功能包括：支持 OGC 数据类型，扩展了 jango's ORM 以支持空间数据查询与处理，几何数据编辑等
GUI	PyQt	是 Qt 库的 Python 版本，由一系列的模块组成，例如 qt，qtcanvas，qtgl，qtnetwork，qtsql，qttable，qtui and qtxml，包含有 300 个类和超过 5 750 个的函数和方法。PyQt 还支持一个叫 qtext 的模块，它包含一个 QScintilla 库，该库是 Scintillar 编辑器类的 Qt 接口
	WxPython	一个开源的跨平台的 Python GUI 工具箱，使用户能够快速创建健壮、功能强大的图形用户界面程序。它是 Python 语言对流行的 wxWidgets 跨平台 GUI 工具库的绑定
网络爬虫	Scrapy	一个简单易用的 Python 爬虫框架，能够快速地从网页中提取用户感兴趣的数据
	BeautifulSoup	是一个从 HTML 和 XML 文件中提取数据的 Python 库。可以用它从不提供 API 调用的 web 站点获取网页并构造数据集，它提供导航、搜索、修改分析树等功能，通过解析文档为用户提供需要抓取的数据

备注：更多详细内容及第三方库请见 https：//pypi.python.org/pypi。

附录 C：如何安装 Python 第三方库

面对琳琅满目的 Python 第三方库，该如何进行安装呢？绝大多数的第三方库都可以在 https：//pypi.python.org/pypi 找到安装包，如果运气好的话，可以直接下载到.exe 格式的安装文件，但大部分情况，下载到的可能是源代码的压缩包（tar.gz 或 zip 格式），或者是打包的安装文件（.egg 格式或.whl 格式）。那么该如何安装呢？下面就以 matplotlib 这个绘图包为例，来详细介绍如何安装 Python 的第三方库。

1．基本安装方法

基本安装方法指不借助其他工具，直接通过第三方库所提供的 setup.py 脚本文件进行安装。setup.py 文件位于第三方库的源代码压缩包中，如图附录 C-1 所示，该文件双击执行并没有任何结果，需要通过 Python 命令进行调用。

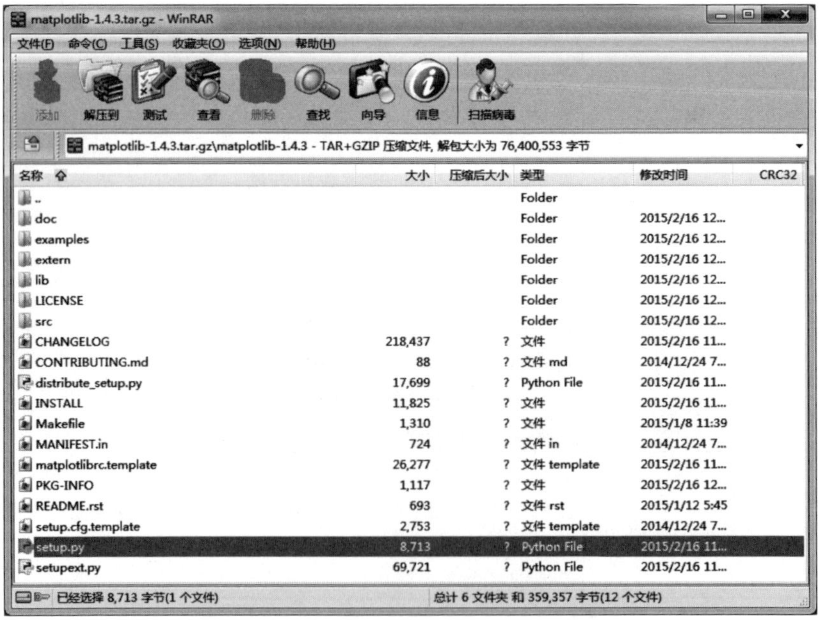

图附录 C-1 第三方库 Matplotlib 压缩包目录

调用 Python 命令，需要首先在 Windows 环境中配置 Python 的环境变量配置，如果没有配置环境变量，则会出现如下的错误如图附录 C-2 所示。

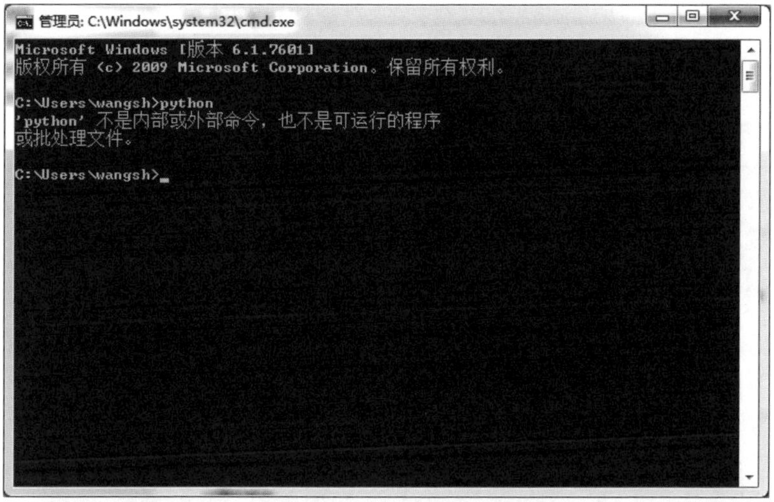

图附录 C-2 未配置 Python 环境变量错误提示

配置环境变量的方法为，找到计算机右键属性→高级→环境变量→系统变量中名为 Path 的变量，点击编辑，在已有路径中加入本机 Python 的安装路径，例如 C:\Python27\ArcGIS10.2，注意前面要加上分号与其他环境变量隔开，如图附录 C-3 所示。

图附录 C-3 Python 环境变量配置

环境变量设置成功后，就可以直接在命令行中使用“Python”命令了如图附录 C-4 所示。

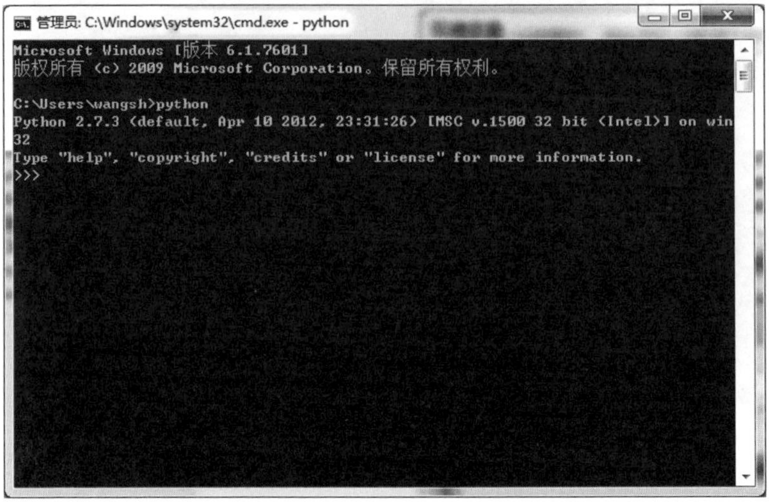

图附录 C-4 调用 Python 命令

若已完成 Python 环境变量配置，则可按照以下步骤安装第三方库：

（1）将下载的第三方包（.tar.gz），解压缩（假设解压路径为 D：\PythonTools\matplotlib-1.4.3）；

（2）在命令提示符里输入 cmd，然后用 cd 命令进入到第三方包的解压路径下；

（3）在命令行中输入 python setup.py install，即可进行安装如图附录 C-5 所示。

图附录 C-5 使用 setup.py 脚本安装第三方案

2. 利用工具进行安装

除了直接安装之外，通过 easy_install 和 pip 工具可以帮助用户更为方便快捷地安装 Python 第三方库。安装了 easy_install 或 pip 工具之后，只要保证网络畅通，工具就会自动从网上搜索相应版本的安装包并进行配置，免去了手工下载安装的复杂过程。

2.1 easy_install

easy_install 是一个 Python 的扩展包，是用于简化 Python 安装的第三方安装包，在安装了 easy_install 之后，安装 Python 第三方库就只需要在命令行中输入：easy_install +工具包名，即可自动完成安装。easy_install 属于比较早出现的一种安装方式，除了支持在线自动搜索外，还支持 egg 格式文件进行安装。

使用 easy_install 安装 Python 第三方库时，首先需要下载和安装 easy_install 工具（https：//pypi.python.org/pypi/ez_setup），直接双击该安装包中的 ez_setup.py 即可自动完成安装过程。这个时候会在 Python 的安装路径下生成一个 Scripts 的文件夹，其中就有 easy_install。

安装了 easy_install 后，easy_install 即成为一个系统命令，安装其他工具包时，只需运行命令提示符，输入 easy_install+工具包名即可，如 easy_install matplotlib。如果这个时候出现错误提示说 easy_install 不是内部或外部命令，表明没有设置环境变量，用前面介绍的方法把 C:\Python27\ArcGIS10.2\Scripts 设置为系统环境变量即可。

图附录 C-6 中展示了如何利用 easy_install 直接在线安装 matplotlib 的过程。

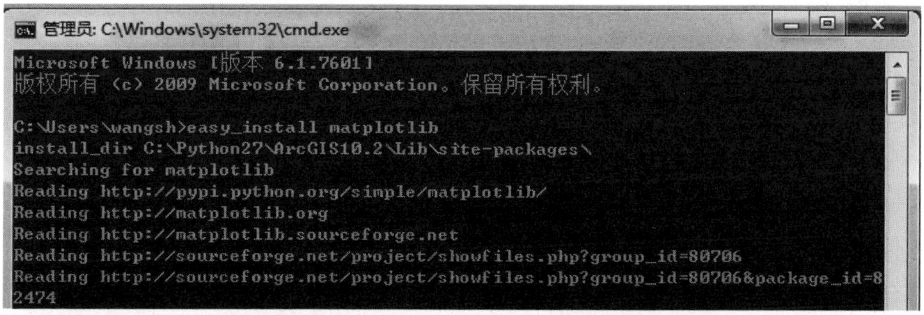

图附录 C-6 使用 easy-install 安装第三方库

2.2 pip

pip 是一个安装和管理 Python 包的工具，PyPI（PyPI，全称 Python Package Index，即 Python 软件包索引）推荐使用 pip 来下载第三方库。若用户使用的是 Python2.X，那么在 2.7.9 及以上版本 pip 已经默认安装；若用户使用的是 Python3.X，那么 3.4 及以上版本，pip 也已经默认安装。若 Python 版本较低，则需要首先安装 pip（https：//pypi.python.org/pypi/pip/），安装方式可参见第 1 部分基本安装方法。

安装好 pip 后，安装其他第三方库时，只需运行命令提示符，输入 pip install + 工具包名即可，如 pip install matplotlib。图附录 C-7 中展示了如何利用 pip 命令直接在线安装 matplotlib 的过程。

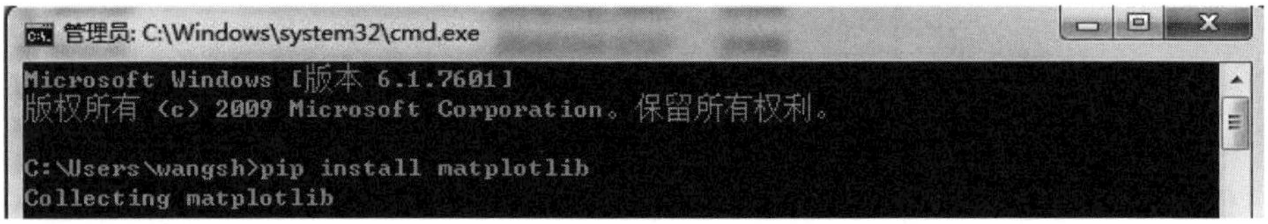

图附录 C-7　使用 pip 安装第三方库

pip 还支持 wheel 文件的安装。wheel 本质上是一个 zip 包，随着 wheel 文件的广泛应用，使用.whl 作为扩展名，用于 Python 模块的安装，它的出现是为了替代 eggs 文件。pip 也因此成为目前最推荐的一种第三方库安装方式。pip 的其他命令如图附录 C-8 所示。

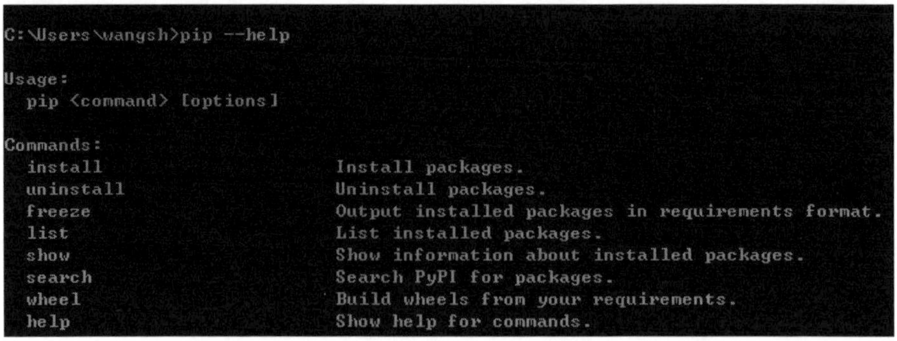

图附录 C-8　pip 命令列表

参考文献

[1] 牟乃夏. ArcGIS 10 地理信息系统教程——从初学到精通，测绘出版社，2012.

[2] ArcGIS 中文在线帮助：http：//resources.arcgis.com/zh-cn/help.

[3] Modeling our world：The ESRI Guide to Geodatabase Concepts. Esri Press.

[4] Python 基础教程（第 2 版 • 修订版）. 人民邮电出版社，2014.

[5] Dive Into Python，http：//www.diveintopython.net.

[6] 麦特洛夫. R 语言编程艺术（第 1 版）. 陈堰平，邱怡轩，潘岚锋，熊熹译. 机械工业出版社，2013.

[7] Rpy2 在线帮助：http：//rpy.sourceforge.net/rpy2.

[8] Bivand R S，Pebesma E J，Gomez-Rubio V，et al. Applied spatial data analysis with R. New York：Springer，2008.

[9] R 包 mkde 说明文档：Package 'mkde'，Jeff A. Tracey，James Sheppard，Jun Zhu，Robert Sinkovts，Amit Chourasia，Glenn Lockwood，Robert N. Fisher，2014.

[10] Tracey J A，Sheppard J，Zhu J，et al. Movement-based estimation and visualization of space use in 3D for wildlife ecology and conservation. 2014.

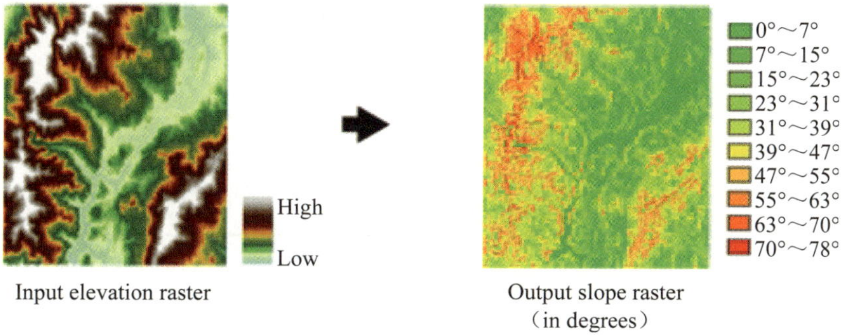

彩图 1　坡度分析

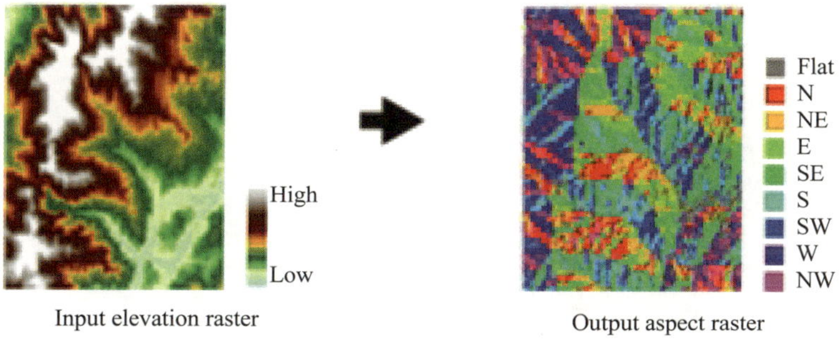

彩图 2　坡向分析

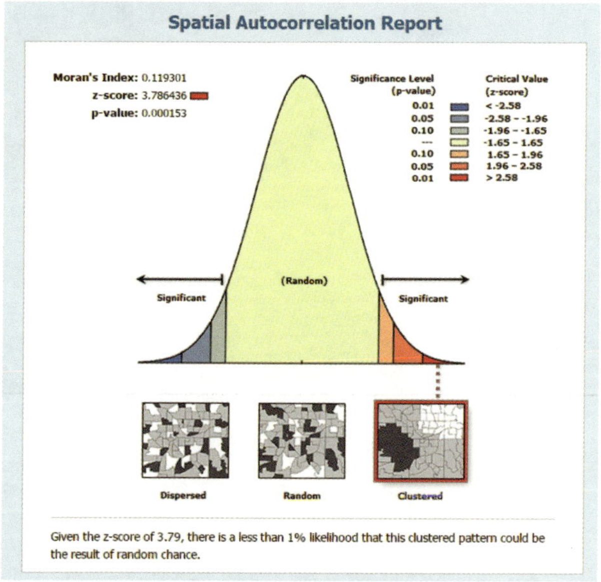

彩图 3　空间自相关输出结果

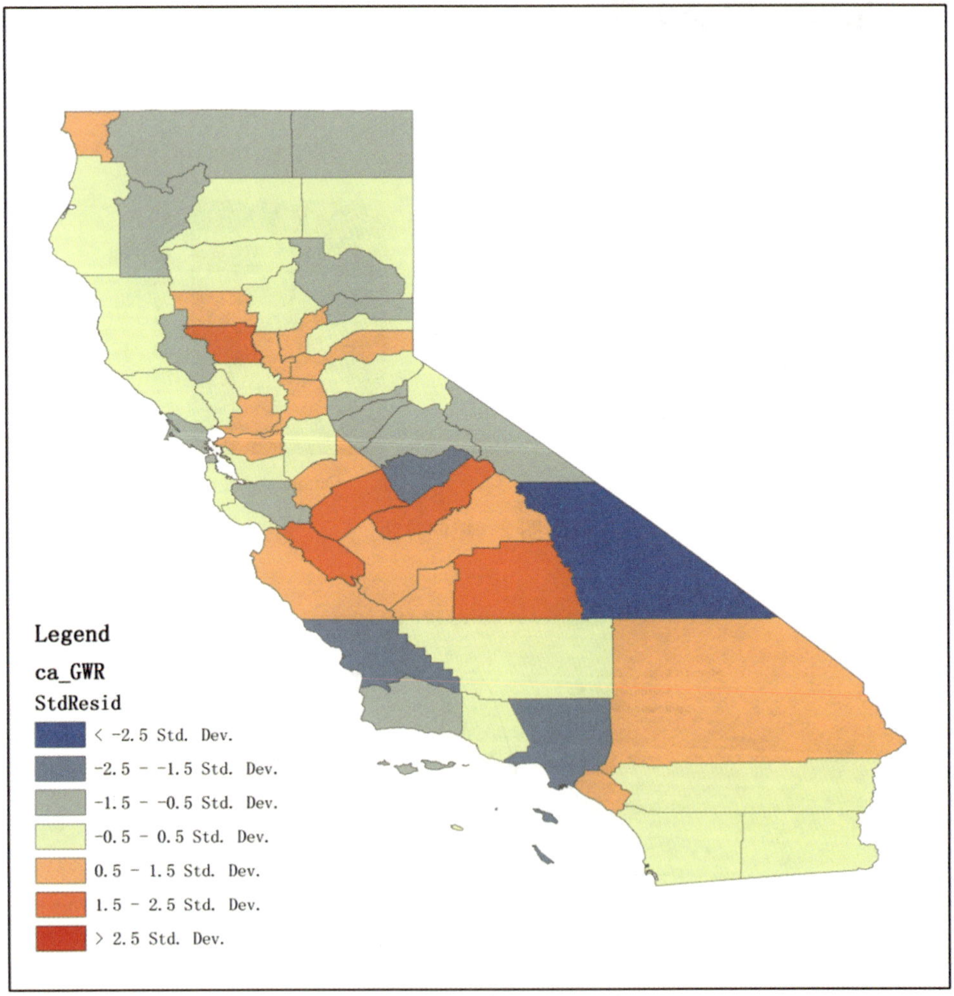
Legend
ca_GWR
StdResid
< -2.5 Std. Dev.
-2.5 - -1.5 Std. Dev.
-1.5 - -0.5 Std. Dev.
-0.5 - 0.5 Std. Dev.
0.5 - 1.5 Std. Dev.
1.5 - 2.5 Std. Dev.
> 2.5 Std. Dev.

彩图 4　输出残差示意图

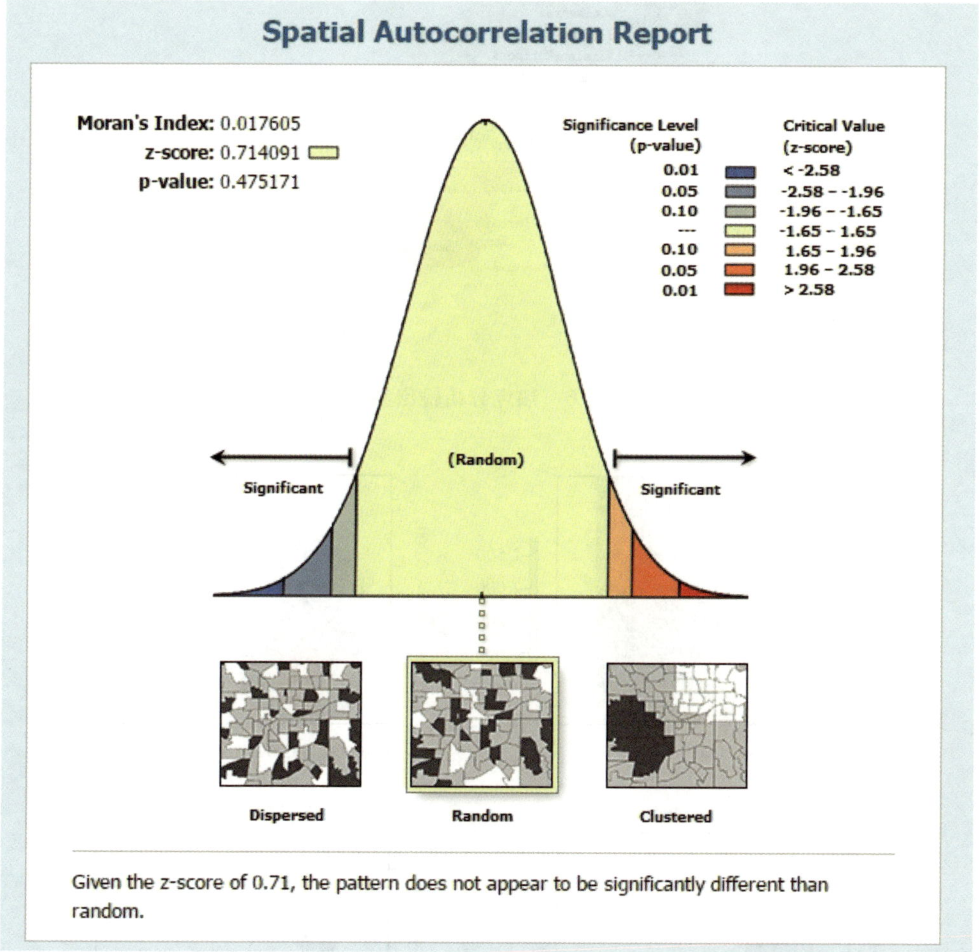

彩图 5　空间自相关输出结果

彩图 6　热点分析输出结果

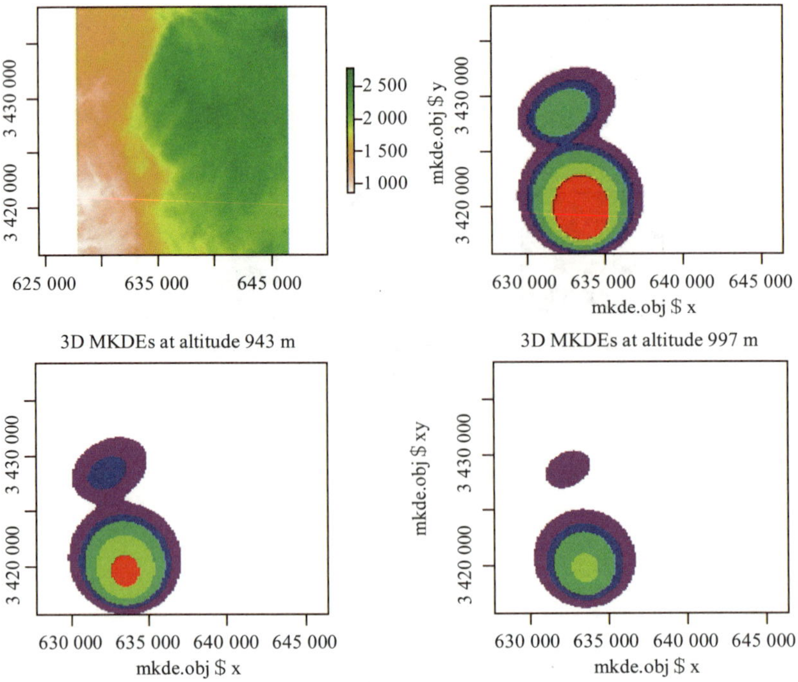

彩图 7　秃鹫活动地区的 DEM 图（左上）和密度估计分布（不同高程）图（图中红色、黄色、绿色、蓝色和紫色依次对应秃鹫分布的概率为 50%、75%、90%、95%和 99%的地区）